航天科技图书出版基金资助出版

卫星通信相控阵设计技术

金世超　程钰间　谢卓恒　黄晓霞　编著

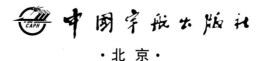
中国宇航出版社
·北京·

图书在版编目（CIP）数据

卫星通信相控阵设计技术 / 金世超等编著 . -- 北京：
中国宇航出版社，2024.2

ISBN 978 - 7 - 5159 - 2356 - 7

Ⅰ.①卫… Ⅱ.①金… Ⅲ.①卫星通信－相控阵－设
计 Ⅳ.①TN927

中国国家版本馆 CIP 数据核字（2024）第 055652 号

责任编辑	侯丽平	**封面设计**	王晓武

出　版
发　行　**中国宇航出版社**

社　址	北京市阜成路 8 号　邮　编　100830	版　次	2024 年 2 月第 1 版
	（010）68768548		2024 年 2 月第 1 次印刷
网　址	www.caphbook.com	规　格	787×1092
经　销	新华书店	开　本	1/16
发行部	（010）68767386　　（010）68371900	印　张	14
	（010）68767382　　（010）88100613（传真）	字　数	341 千字
零售店	读者服务部　　（010）68371105	书　号	ISBN 978 - 7 - 5159 - 2356 - 7
承　印	北京中科印刷有限公司	定　价	128.00 元

本书如有印装质量问题，可与发行部联系调换

航天科技图书出版基金简介

　　航天科技图书出版基金是由中国航天科技集团公司于 2007 年设立的，旨在鼓励航天科技人员著书立说，不断积累和传承航天科技知识，为航天事业提供知识储备和技术支持，繁荣航天科技图书出版工作，促进航天事业又好又快地发展。基金资助项目由航天科技图书出版基金评审委员会审定，由中国宇航出版社出版。

　　申请出版基金资助的项目包括航天基础理论著作，航天工程技术著作，航天科技工具书，航天型号管理经验与管理思想集萃，世界航天各学科前沿技术发展译著以及有代表性的科研生产、经营管理译著，向社会公众普及航天知识、宣传航天文化的优秀读物等。出版基金每年评审 1～2 次，资助 20～30 项。

　　欢迎广大作者积极申请航天科技图书出版基金。可以登录中国航天科技国际交流中心网站，点击"通知公告"专栏查询详情并下载基金申请表；也可以通过电话、信函索取申报指南和基金申请表。

　　网址：http：//www.ccastic.spacechina.com

　　电话：(010) 68767205，68767805

前　言
Preface

从基本的物理概念来说，相控阵本质上是基于各辐射单元的相位调控，实现电磁波在空间辐射的相干叠加，从而实现在指向方向的最大波束合成。具体的调控有多种物理实现方式，但对于卫星通信而言，基于移相器的有源相控阵是当前一种主流的解决方案。

有源相控阵传统上采用基于三五族化合物工艺的收发组件，成本较为昂贵，主要用于国防用途。近年来，一方面如卫星通信和 5G 毫米波通信等需求侧迫切需要卫星通信终端或基站毫米波相控阵大幅降低成本，另一方面在技术供给侧特别是在硅基毫米波芯片和低成本集成架构等方面取得的技术突破，使得大规模相控阵的低成本愿景成为可能。

作者聚焦以上迫切应用需求，基于前期国家重点研发计划相关成果，聚焦卫星通信终端相控阵设计技术，对相关知识进行了系统的阐述。其中，第 1 章介绍了国外卫星互联网星座的最新进展；第 2 章介绍了国外卫通相控阵发展现状；第 3 章阐述了相控阵基础知识；第 4 章介绍了相控阵总体设计；第 5 章阐述了天线阵元和阵列优化技术；第 6 章阐述了射频组件芯片设计技术；第 7 章论述了相控阵电路集成方案；第 8 章介绍了相控阵校准测试方法。

在本书撰写过程中，许多同仁给予了大力指导。感谢天地一体化信息技术国家重点实验室的刘敦歌博士、杨钰茜博士、孙家星博士、黄俊博士、梅辰钰、苏巾槐、罗宗屹等协助整理相关资料，感谢电子科技大学的郝瑞森博士给予的支持和帮助。

由于作者水平有限且时间仓促，书中的疏漏和不妥之处在所难免，请读者批评指正。

2023 年 6 月
于天地一体化信息技术国家重点实验室

目　录
Contents

第 1 章　卫星互联网星座

近年来，全球卫星通信呈现大带宽、高速率、海量接入的服务特点，同时逐步向星座组网服务方向发展，从而实现广域覆盖、随遇接入的天地一体化网络服务。特别是低成本卫星技术和运载技术的进步，极大地助推了低轨通信卫星星座的建设，以"一网（OneWeb）"卫星星座和"星链（Starlink）"卫星星座为代表。同时，大容量高轨通信卫星也在进入新一轮升级周期，以 ViaSat‐3 为代表的卫星迈入单星容量 1 Tbps① 时代。高低轨大容量卫星星座的大规模部署，极大地提升了全球卫星空口接入资源，为提供高质量卫星通信服务奠定了基础，同时极大地推动了应用产业的进步。

1.1　低轨卫星通信系统

低轨卫星通信与传统卫星通信相比，具有随遇接入、低延时传输、终端轻小型化等特点，能够用于通信、互联网接入等方面。低轨卫星的轨道高度低，传输延时短，路径损耗小，频率复用更有效，由多颗卫星组成的通信卫星星座可以实现真正的全球覆盖。近年来，随着互联网星座的快速发展，低轨卫星星座迎来规模更大、发展更猛烈的新一波建设热潮，Starlink 星座和 OneWeb 星座为其典型代表。

1.1.1　Starlink 星座

Starlink 卫星星座是由 SpaceX 建设和运营的卫星互联网星座，为 50 多个国家或地区提供卫星互联网接入服务，计划在 2023 年之后提供全球移动电话服务[1]。

（1）星座部署情况

SpaceX 计划共计部署两代星座。SpaceX 于 2019 年开始发射"星链"卫星，截至

---

① bps 为 bits per second 的缩写，即每秒传送的比特数。

2023 年 4 月 27 日，完成总计第 80 次"星链"组批发射，总计升空数量达到 4 284 颗[2]。

第一代星座（Starlink Gen1）共包含 2 个子星座，分别是 540～570 km 轨道上由 4 408 颗卫星组成的 LEO（低地球轨道）星座及 340 km 轨道高度上由 7 518 颗卫星组成的 VLEO（极低地球轨道）星座。其中，LEO 子星座包括 540 km 轨道倾角 53.2°上 1 584 颗卫星、550 km 轨道倾角 53°上 1 584 颗卫星、560 km 轨道倾角 97.6°上 520 颗卫星、570 km 轨道倾角 70.0°上 720 颗卫星。VLEO 子星座包括 335.9 km 轨道倾角 42°上 2 493 颗卫星、340.8 km 轨道倾角 48°上 2 478 颗卫星和 345.6 km 轨道倾角 53°上 2 547 颗卫星组成[3]。其具体轨道的设计参数见表 1－1 和表 1－2。截至 2023 年 3 月，第一期星座在轨卫星 3 565 颗，在轨工作卫星 3 520 颗[2]。资料显示，SpaceX 计划放弃已被批准的 VLEO 星座计划[4]。图 1－1 所示为 Starlink 在轨卫星二维分布视图（2022－07－20）；图 1－2 所示为第一代星座 VLEO 子星座参数。

表 1－1　第一代星座 LEO 子星座参数[5]

	星座 1	星座 2	星座 3	星座 4	星座 5	合计
卫星数量	1 584	720	348	1584	172	4 408
轨道面数	72	36	6	72	4	190
每个轨道面卫星数	22	20	58	22	43	20～58
轨道高度/km	550	570	560	540	560	540～570
倾角/(°)	53	70	97.6	53.2	97.6	53～97.6
壳层标记	壳层 1	壳层 2	壳层 3	壳层 4	待定	—

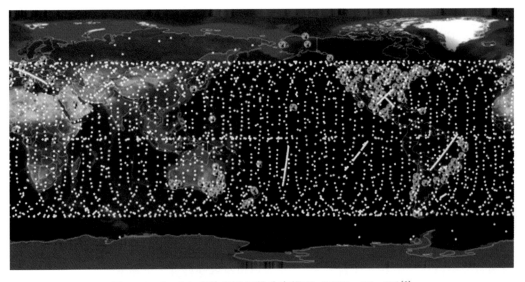

图 1－1　Starlink 在轨卫星二维分布视图（2022－07－20）[6]

表 1-2　第一代星座 VLEO 子星座参数[7]

	子星座 1	子星座 2	子星座 3	合计
卫星数量	2 547	2 478	2 493	7 518
卫星轨道高/km	345.6	340.8	335.9	335.9～345.6
倾角/(°)	53	48	42	42～53

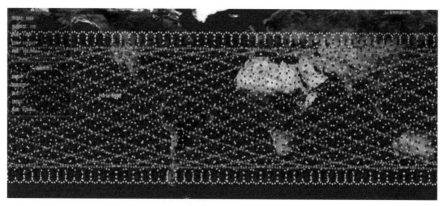

图 1-2　VLEO 星座空间段分布二维视图[7]

（其中，白色卫星为子星座 1，红色卫星为子星座 2，绿色卫星为子星座 3）

据 2021 年 8 月 SpaceX 向美国联邦通信委员会（FCC）提交的第二代星座修订申请，第二代星座将首选 29 988 颗卫星配置方案，分别由 340 km 轨道 53°倾角、345 km 轨道 46°倾角、350 km 轨道 38°倾角上各 5 280 颗卫星，360 km 轨道 96.9°倾角上 3 600 颗卫星，525 km 轨道 53°倾角、530 km 轨道 43°倾角、535 km 轨道 33°倾角上各 3 360 颗卫星，以及 604 km 轨道 148°倾角上 144 颗卫星和 614 km 轨道 115.7°倾角上 324 颗卫星构成。表 1-3 给出第二代星座的构型分布参数。截至 2023 年 3 月，第二期星座在轨卫星 349 颗，在轨工作卫星 347 颗[2]。

表 1-3　第二代星座的构型分布参数[5]

	轨道高度/km	倾角/(°)	轨道面数	每个轨道面卫星数	卫星总数	壳层标记
星座 1	340	53	48	110	5 280	待定
星座 2	345	46	48	110	5 280	待定
星座 3	350	38	48	110	5 280	待定
星座 4	360	96.9	30	120	3 600	待定
星座 5	525	53	28	120	3 360	待定
星座 6	530	43	28	120	3 360	壳层 5
星座 7	535	33	28	120	3 360	待定
星座 8	604	148	12	12	144	待定
星座 9	614	115.7	18	18	324	待定
合计	340～614	33～148	288	12～120	29 988	—

（2）卫星及载荷

Starlink V0.9 版卫星于 2019 年 5 月首次成功发射。V0.9 版卫星采用新型平板式结构设计，质量约 227 kg，搭载 1 副太阳能电池板、4 副 Ku 频段相控阵天线，包括 1 副接收相控阵天线和 3 副发射相控阵天线。星链 V1.0 是星链 V0.9 的升级版本，于 2019 年 11 月首次发射。V1.0 版卫星主要在 V0.9 版卫星的基础上增加了 Ka 频段星地馈电通信能力，采用伺服抛物面天线，每颗卫星质量提高到 260 kg[8]。图 1-3 所示为 Starlink V0.9 版和 V1.0 版的卫星图。

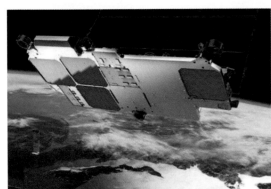

图 1-3　Starlink V0.9 版和 V1.0 版的卫星图[9-10]

Starlink V1.5 采用扁平化设计，配备单块太阳能电池板，采用氩离子霍尔效应电推进系统，单星发射质量约 295 kg。卫星用户链路配备 4 副 Ku 相控阵天线；馈电链路配备 Ka 频段抛物面天线[11]。单星通信容量约 17～20 Gbps，配备了激光星间链路。首批 3 颗卫星在 2021 年 6 月 30 日的"拼车发射"中被发射至倾角 97.5°的极地轨道。图 1-4 所示为 Starlink V1.5 版卫星与激光通信。

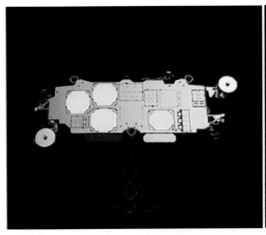

图 1-4　Starlink V1.5 版卫星与激光通信[12]

　　Starlink V2 Mini 不同于早期版本卫星，其配备了向两侧展开的太阳能电池板，太阳能电池板展开之后整星宽度约 30 m，整星收敛尺寸为 4.1 m×2.7 m，质量约 800 kg。采用性能更好的相控阵天线，并在 Ka 和 Ku 频段的基础上增加了 E 频段，容量大概是前期卫星的四倍。升级后的星链 V2 Mini 版算是星链 V1.5 版和星链 V2 版之间的一个过渡版本。在使用星际飞船发射星链 V2 之前，猎鹰 9 号将开始发射星链 V2 Mini 版。星链 V2 Mini 版可以兼容未来的星链 V2 版星座，并于 2023 年 2 月 27 日首次发射[2]。图 1-5 所示为 Starlink V1.5 版和 V2.0 Mini 版卫星发射叠装。

Starlink V1.5

Starlink V2 Mini

图 1-5　Starlink V1.5 版和 V2.0 Mini 版卫星发射叠装[13]

　　Starlink 第一期的 LEO 子星座卫星使用 Ku 频段和 Ka 频段，VLEO 子星座卫星使用 Q 和 V 频段，具体频率规划详见表 1-4 和表 1-5。Starlink 第二期星座将使用 Ku、Ka 和 E 频段频谱，其系统频率见表 1-6。

表 1-4　第一期 Ku/Ka 星座频率规划[14]

链路类型与方向	频段/GHz
用户下行	10.7~12.7
馈电下行	17.8~18.6
	18.8~19.3
	19.7~20.2
用户上行	12.75~13.25
	14.0~14.5

续表

链路类型与方向	频段/GHz
馈电上行	27.5～29.1
	29.5～30.0
TT&C 下行	12.15～12.25
	18.55～18.6
TT&C 上行	13.85～14.00

表 1-5　第一期 Q/V 星座频率规划[14]

链路类型与方向	频段/GHz
用户/馈电下行	37.5～42.5
用户/馈电上行	47.2～50.2
	50.4～52.4
TT&C 下行/信标	37.5～37.75
TT&C 上行	47.2～47.45

表 1-6　第二期星座频率规划[14]

链路类型	传输方向	频段/GHz
用户链路	上行链路	12.75～13.25/14.0～14.5/28.35～29.1/29.5～30.0
	下行链路	10.7～12.75/17.8～18.6/18.8～19.3/19.7～20.2
馈电链路	上行链路	27.5～29.1/29.5～30.0/81.0～86.0
	下行链路	17.8～18.6/18.8～19.3/71.0～76.0
TT&C	上行链路	13.85～14.0
	下行链路	12.15～12.25/18.55～18.60

　　Starlink Gen1 卫星用户链路采用 Ku 频段，星上发射 EIRP 为 36.7 dBW，接收 G/T 最大 9.8 dB/K[15]。馈电链路采用 Ka 频段，发射 EIRP 为 39.44 dBW，接收 G/T 最大为 13.7 dB/K[15]。

　　Starlink Gen2 卫星用户链路使用 Ku 频段。发射波束指向星下点的对地视轴增益为 34 dBi，指向覆盖边缘增益为 44 dBi。接收波束在星下点时 G/T 最大，为 9.5～19.5 dB/K；而在最大倾斜路径时 G/T 最小，为 7.0～17.0 dB/K。Starlink Gen2 将 Ka 频段用于用户链路、馈电链路，使用相控阵天线与用户进行通信，并使用抛物面天线与信关站进行通信[16]。E 频段波束只用于与信关站进行通信。E 频段发射波束最小增益为 42 dBi，最大增益为 52 dBi；接收波束天线增益 G/T 将保持恒定（与高度和转向角无关），在 17.7 dB/K 到 27.7 dB/K 之间[16]。Gen2 卫星采用全向天线用于 TT&C，这些全向天线旨在与地球站进行几乎任何姿态的通信。此外，Starlink 还可以使用 Ka 频段和 E 频段链路执行 TT&C[16]。

信关站和用户终端通信仰角与星座高度密切相关。对于 LEO 和 VLEO 子星座，每颗卫星都可以独立控制扫描下行链路点波束。如图 1-6 所示，LEO 星座中的卫星轨道高度约为 550 km，可在距视轴（天底）最远 44.85°的范围提供服务，地面覆盖半径约为 573.5 km，信关站和用户终端可以至少 40°的仰角与卫星进行通信。如图 1-7 所示，VLEO 星座中的卫星轨道高度约为 335.9 km，可在距视轴最远 51.09°的范围提供服务，地面覆盖半径约为 435 km，信关站和用户终端可以至少 35°的仰角与卫星进行通信。卫星可提供服务的距视轴的最大角度随高度略有变化[17]。

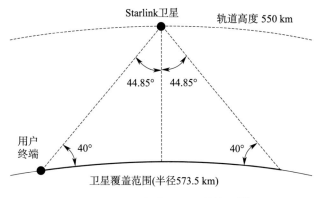

图 1-6　LEO 星座卫星覆盖情况[17]

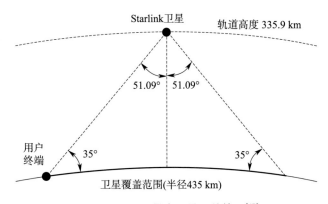

图 1-7　VLEO 星座卫星覆盖情况[17]

（3）地面系统

目前，Starlink 有 147 个运行中的网关，另有 13 座在获得监管部门批准后仍在建设中。尚有 19 个地点待定，等待开工建设[18]。如图 1-8 所示，这些地面站遍布欧洲、大洋洲、北美洲以及南美洲，其中以美国的地面站最多，高达 57 个。图 1-9 给出了地面骨干网络与连接点。SpaceX 使用地面光纤和海底光纤将 19 个地面信关站连成一张网。图 1-10 所示为 Starlink 骨干网拓扑图。图 1-11 所示为 Starlink 在美国北本德的网关。

Starlink 典型的信关站有 8 根天线，如图 1-12 所示，每根天线都可以向自己指向的

图 1-8　Starlink 网关分布图[19]

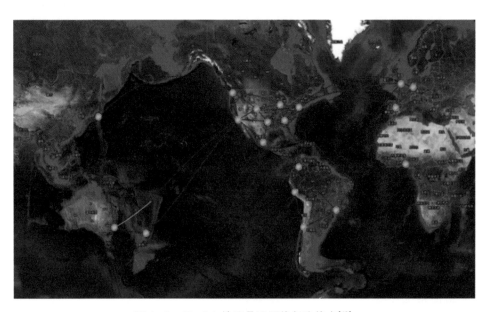

图 1-9　Starlink 地面骨干网络与连接点[19]

卫星传输信息。天线的直径为 1.47 m，天线波束角 0.5°，最大终端天线增益 49.5 dBi，最大 EIRP 为 66.5 dBW。每个关口站在带宽（信道宽度）为 500 MHz 的信道上运行，同时保留了 480 MHz 的保护间隔[20]。

　　不同于 OneWeb 所采用的渐进俯仰技术，为解决赤道附近的高低轨卫星频率兼容问题，Starlink 选择地面站切换的方法。其建造多个地面站以便每颗卫星在多个地面站之

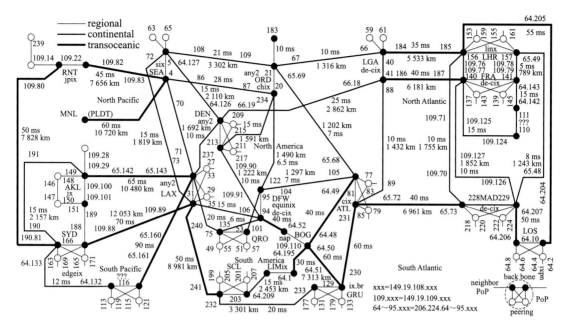

图 1-10 Starlink 骨干网拓扑图[19]

图 1-11 Starlink 在美国北本德的网关[21]

间能够进行选择，这也迫使网络管理中心需要不断计算每颗 Starlink 卫星与 GEO 卫星以及其他运营商在选定的频段内运行的所有卫星的相对位置，这对网络管理中心提出了极大挑战。

图 1 - 12　Starlink 信关站天线[22]

（4）应用服务

截至 2022 年 12 月，Starlink 的活跃用户超过 100 万人。陆地上，Starlink 目前在 50 多个国家或地区提供互联网接入服务，其覆盖图如图 1 - 13 所示。其中暗灰色区域为服务不可用地区，暗蓝色区域为等待服务覆盖或者监管批准，剩下两种颜色由深到浅为容量已满区域与现在可提供服务区域[23]。

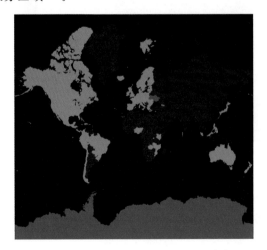

图 1 - 13　Starlink 卫星陆地覆盖图[23]

陆地上固定用户和移动用户的服务都分为三种，具体参数见表 1－7 和表 1－8。

表 1－7　固定用户参数[24]

服务类型	延迟	预计下载速度	预计上传速度
STANDARD	25～50 ms	20～100 Mbps	5～15 Mbps
BUSINESS	25～50 ms	40～220 Mbps	8～25 Mbps
BEST EFFORT/RV	25～50 ms	5～50 Mbps	2～10 Mbps

表 1－8　移动用户参数[24]

服务类型	延迟	预计下载速度	预计上传速度
RECREATIONAL	<99 ms	5～50 Mbps	2～10 Mbps
COMMERCIAL	<99 ms	40～220 Mbps	8～25 Mbps
PREMIUM	<99 ms	60～250 Mbps	10～30 Mbps

Starlink 于 2023 年初首次推出全球卫星互联网服务，旨在让用户在全球任何地方接入网络。此前，Starlink 还推出面向海事客户的扁平高性能 Starlink 终端天线，可以为远洋船舶提供高速互联网接入服务，以及面向航空公司的"高速率、低延迟、全球通"的航空互联网服务。图 1－14 所示为 Starlink 第一代碟形天线终端。

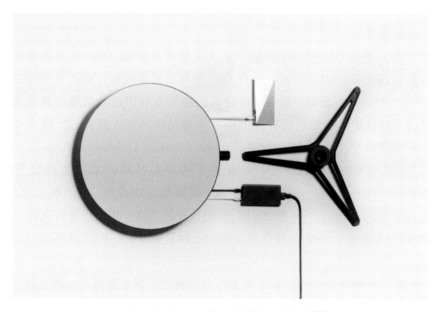

图 1－14　Starlink 第一代碟形天线终端[25]

Starlink 在 2022 年开展了后勤和供应链数据传输测试验证。在低轨技术验证试验中的通信宽带据称可达 600 Mbps，相比目前美军战区卫星通信最低 5 Mbps 的速率要求，提高了 2 个数量级。2020 年美国陆军与 SpaceX 签订协议，开展 Starlink 在陆军跨网络数据传输应用验证。近期的俄乌冲突进一步验证了 Starlink 在极端情况下的通信能力[26]。

图 1-15 所示为美国空军与 SpaceX 进行 Starlink 联合通信测试。

图 1-15　美国空军与 SpaceX 进行 Starlink 联合通信测试[27]

1.1.2　OneWeb 星座

（1）星座部署情况

2014 年 9 月，谷歌 O3b 项目团队的三名员工格雷·维勒、布莱恩·霍兹和大卫·贝亭格从谷歌离职创建 WorldVu 公司，并将 O3b 的频谱资源权利转移到了 WorldVu，随后 WorldVu 更名为 OneWeb 公司。OneWeb 公司的愿景是利用近地轨道卫星技术，为偏远地区或互联网基础设施落后的地区提供价格适宜的互联网接入服务。2016 年 1 月，英国 OneWeb 公司和欧洲空中客车防务与航天公司（Airbus Defence and Space）合资成立 OneWeb 卫星公司（OneWeb Satellite），在位于佛罗里达州的系列生产线上批量建造 OneWeb 卫星。2017 年 6 月，一期"OneWeb"星座的系统设计（720 颗卫星组成星座）和频率规划获得 FCC 批准。2019 年 2 月，一期星座的首批 6 颗卫星进入轨道；2020 年完成两次各 34 颗卫星发射；2021 年共完成 8 次 284 颗卫星发射；2022 年共完成三次 110 颗卫星发射[28]。

OneWeb 第一代初始星座包括 648 颗工作卫星和 234 颗备份星，总数量达 882 颗；其中，648 颗卫星分布在高度 1 200 km、倾角 87.9°的 18 个轨道面，每个轨道面部署 36 颗卫星，工作在 Ku/Ka 频段[29]。2017 年 2 月，OneWeb 向 FCC 提交申请，计划建造更大的星座，再追加 2 000 颗在轨小卫星的制造、发射和运营，由 720 颗 1 200 km 高度的近地轨道卫星和 1 280 颗 8 500 km 高度的中地球轨道卫星构成，这些卫星使用 V 频段。2020 年 5 月，OneWeb 又向 FCC 申请在 1 200 km 高度的 LEO，将星座卫星数量增加到约 47 844 颗。2021 年 1 月，OneWeb 又向 FCC 申请，将 2020 年 5 月申请资料中 1 200 km

高度 LEO 卫星数量降低到 6 372 颗。按照 OneWeb 卫星公司的设计,目前的 OneWeb 星座布局设计应该包括 6 372 颗 LEO 卫星和 1 280 颗中轨卫星,具体情况见表 1-9。

表 1-9　OneWeb 星座参数[29]

轨道高度/km	倾角/(°)	轨道平面数	每个轨道面卫星数	各倾角卫星数	卫星总数
1 200	87.9	36	49	1 764	
1 200	55.0	32	72	2 304	6 372
1 200	40.0	32	72	2 304	
8 500	—				1 280

根据 FCC 的指示,OneWeb 卫星公司需要在 2026 年 8 月之前至少部署一半数量的卫星,在 2029 年之前需要完成整个 OneWeb 卫星星座的部署。根据 OneWeb 卫星公司公开的资料,其原本打算在 2020 年年底之前完成 OneWeb 卫星星座第一阶段,即 648 颗 LEO 卫星的部署,分布在高度 1 200 km、倾角 87.9°的 18 个轨道面,相邻轨道面间隔 9°。但是因为 2020 年年初的破产保护事件以及后续的融资事宜,卫星星座第一阶段的部署计划推迟。直到 2023 年 3 月 27 日,OneWeb 的 36 颗卫星从印度安得拉邦的斯里哈里科塔航天发射场发射升空,该公司初步完成了 OneWeb 卫星互联网的建设,5 月份开始向美国 48 个州的客户提供卫星网络服务。图 1-16 所示为 OneWeb 星座全球覆盖示意图。

图 1-16　OneWeb 星座全球覆盖示意图[30]

（2）卫星及载荷

OneWeb 卫星由空中客车防务与航天公司负责设计,由 OneWeb 卫星公司负责生产。单个卫星质量约 147.5 kg,星上载荷包括两副 TT&C（遥测）天线、两副 Ku 频段天线和两副 Ka 频段天线,采用"太阳能板＋锂离子电池"供储能系统,推进系统为氙气电推进,在轨工作寿命约为 5 年,失效后通过可靠的氙气电推进系统在 5 年内将轨道近地点改为小于 200 km。图 1-17 所示为 OneWeb 卫星发射部署示意图;图 1-18 所示为 OneWeb 卫星示意图。

图 1-17　OneWeb 卫星发射部署示意图[30]

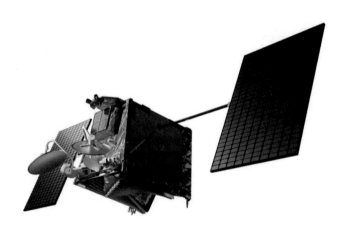

图 1-18　OneWeb 卫星示意图[31]

每颗卫星采用透明转发体制,使用 Ku 频段进行用户侧通信,10.7~12.7 GHz 和 12.75~14.5 GHz 频段将分别用于用户下行链路和用户上行链路;使用 Ka 频段进行信关站馈电侧通信,17.8~20.2 GHz 和 27.5~30.0 GHz 频段将分别用于馈电下行链路和馈电上行链路。用户侧包括 16 个相同的大椭圆形的固定用户波束,这些波束覆盖可确保任何用户都在至少一个仰角大于 55°的卫星的视线范围内。馈电侧配置两副机械伺服 Ka 频段天线,两副馈电天线既可以互为备份,也可以用于波束切换。反向信道带宽为 125 MHz,前向信道带宽为 250 MHz。OneWeb 单星吞吐量约为 7.5 Gbps,整个星座总吞吐量为 6~

7 Tbps。由于采用低轨道，链路传输时延仅为 30 ms，与地面网络相当[34]。图 1-19 所示为正在组装调试的 OneWeb 卫星；图 1-20 所示为 OneWeb 卫星 Ku 频段用户波束示意图；表 1-10 为 OneWeb 卫星主要参数表。

图 1-19　正在组装调试的 OneWeb 卫星[32-33]

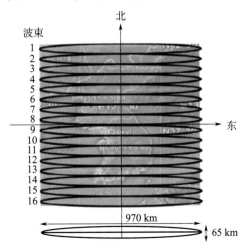

图 1-20　OneWeb 卫星 Ku 频段用户波束示意图[34]

表 1-10   OneWeb 卫星主要参数表[34]

参数名称	技术指标
信关站到卫星工作频率	27.5～29.1 GHz 29.5～30.0 GHz
卫星到信关站工作频率	17.8～18.6 GHz 18.8～19.3 GHz 19.7～20.2 GHz
用户终端到卫星工作频率	12.75～13.25 GHz 14.0～14.5 GHz
卫星到用户终端工作频率	10.7～12.7 GHz
接入速率	上行 50 Mbps,下行 200 Mbps
用户波束	每颗 LEO 卫星有 16 个椭圆形用户波束(Ku 频段)
馈电波束	2 个馈电波束(Ka 频段)双圆极化
信关站	全球共分布 50 多个地面 Ka 信关站(美国至少有 4 个);每个信关站配置 10 副以上的天线,每副天线口径为 2.4 m 或更大
用户终端天线	天线尺寸为 30～75 cm,或为机械式双抛物面天线,或为低成本相控阵天线
发射 EIRP(卫星用户链路)	29.9 dBW(54 MHz 带宽)

为解决赤道附近的高低轨卫星频率兼容问题,OneWeb 采用"渐进倾斜(Progressive Pitch)"技术,如图 1-21 所示。赤道上空的 OneWeb 卫星刚好运行到 GEO 卫星的下方,OneWeb 卫星的信号会受到同频干扰,此时只能关闭卫星。但"渐进倾斜"技术可以通过改变非垂直干扰窗口卫星的俯仰,逐步倾斜卫星的波束,在垂直干扰窗口卫星关闭的情况下,依旧可为赤道星下点区域内的客户提供服务。

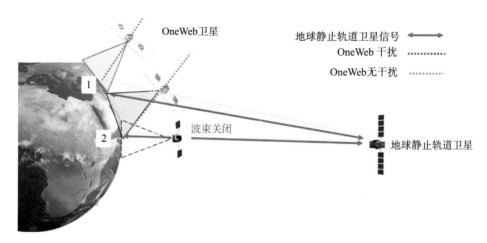

图 1-21   OneWeb 卫星"渐进倾斜"技术示意图[35]

(3)地面系统

图 1-22 所示为 OneWeb 系统架构。OneWeb 系统放弃了星间链路的设计,而是采用天星地网的组网方式,即卫星采用透明转发方式,所有的路由交换功能由地面信关站完

成，再通过地面网络将各信关站互联，形成一个面向全球的宽带大容量卫星通信系统。按照目前的建设方案，OneWeb 系统在全球范围内需要设置 50 个或更多的信关站，每个信关站最多配备 10 副口径 2.4 m 的天线。在用户侧，OneWeb 系统支持使用 30～75 cm 抛物面天线、相控阵天线和其他电调向天线。由于卫星不使用星间链路，只能在用户和地面站同时位于卫星视线（LOS）范围内的区域提供服务。

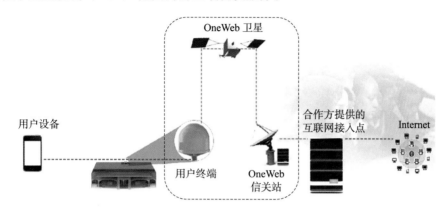

图 1-22　OneWeb 系统架构[36]

OneWeb 系统的地面段由美国休斯网络系统公司（以下简称"休斯"）负责设计、研发和生产，因此，系统的组网协议也是基于该公司的 IPoS.v2 (Internet Protocol over Satellite.v2) 空中接口标准，其物理层为 DVB-S2 标准。图 1-23 所示为澳大利亚电信运营商 Telstra 建设的信关站。

图 1-23　澳大利亚电信运营商 Telstra 建设的信关站[36]

（4）应用服务

OneWeb 于 2023 年 5 月开始向美国 48 个州的客户提供卫星网络服务。据报道，2020 年 3 月，该公司正在仿效其卫星制造方法，即建立广泛的供应商网络以大规模制造组件。OneWeb 预计用户终端的社区 Wi-Fi 服务价格在 1 000 美元至 1 500 美元之间，OneWeb 为创建商用飞机用户终端所需的核心天线芯片组的"理想"目标是 15 万美元。

OneWeb 的用户终端包括机载、车载、固定安装等多种安装模式，采用热点覆盖形态，将卫星调制解调、地面 LTE/3G、Wi-Fi 热点集成为一体，为 OneWeb 用户终端周边一定区域内的用户提供互联网接入服务。图 1-24 给出了 OneWeb 系统几种典型用户终端形态，包括伺服天线终端和相控阵天线终端。

图 1-24　OneWeb 用户终端形态[37]

2021 年 3 月 8 日，Intellian 与 OneWeb 达成了价值 7 300 万美元的合同，以开发和提供价格合理的紧凑型用户终端。这些易于安装的天线将使用下一代技术，为 OneWeb 的全球卫星服务提供高带宽、低延迟的连接，并提供给包括企业和政府在内的多个市场。

2022 年年底，休斯宣布 OneWeb 向其订购 10 000 套 LEO 终端，用于为企业和政府客户提供网络服务。由休斯设计并生产制造的 LEO 终端（型号为 HL1100）包含电扫相控阵天线、内置基带处理单元，能在 OneWeb 系统上开展高速、低延迟宽带服务。该终端可实现高达 195 Mbps 的下行和 32 Mbps 的上行速率。目前正在测试原型机，休斯将于 2023 年下半年开始为 OneWeb 生产 LEO 终端。

1.1.3　Kuiper 星座

（1）星座部署

Kuiper 星座的部署进度已远远落后于 Starlink 和 OneWeb。美国联邦通信委员会于 2023 年 2 月 8 日批准了亚马逊由 3 236 颗宽带卫星组成的 Kuiper 星座计划，其条件包括避免低轨碰撞的措施。亚马逊在 2020 年获得了 Kuiper 星座的 FCC 初步许可，前提是它取得监管部门对更新的轨道碎片缓减计划的批准。

Kuiper 星座由 3 236 颗卫星组成，包括轨道高度为 590 km 倾角为 33°的 784 颗，轨道高度为 610 km 倾角为 42°的 1 296 颗，轨道高度为 630 km 倾角为 51.9°的 1 156 颗。其中，两颗原型卫星 Kuipersat-1 与 Kuipersat-2 于 2023 年上半年发射。Kuiper 星座的具体参数见表 1-11。

表 1 - 11　Kuiper 星座参数表[38]

轨道高度/km	倾角/(°)	轨道平面数	每个轨道面卫星数	卫星总数
630	51.9	34	34	1 156
610	42	36	36	1 296
590	33	28	28	784

　　根据国际电信联盟（ITU）2019 年出台的星座部署规定，Kuiper 星座须在 2026 年 7 月 30 日前发射至少半数（1 618 颗）的卫星，并在 2029 年 7 月 30 日前完成全部部署。亚马逊公司将 Kuiper 星座的部署计划分为五个阶段，计划详情见表 1 - 12。其首批 578 颗卫星发射后，就将在全球开展卫星通信服务，服务范围覆盖北纬 56°和南纬 56°之间区域。

表 1 - 12　Kuiper 星座发射计划表[38]

阶段	轨道高度/倾角	轨道平面数	每个轨道面卫星数	部署卫星数	卫星总数
1	630 km/51.9°	17	34	578	578
2	610 km/42.0°	18	36	648	1 226
3	630 km/51.9°	17	34	578	1 804
4	590 km/33.0°	28	28	784	2 588
5	610 km/42.0°	18	36	648	3 236

（2）卫星及载荷

图 1 - 25 所示为亚马逊的卫星工厂。

图 1 - 25　亚马逊的卫星工厂[39]

　　Kuiper 卫星用户波束将使用星载多波束相控阵天线，工作在 Ka 频段，通过对幅度和相位加权控制实现波束赋形、扫描及功率分配，可实现单个点波束覆盖 300～500 km²。卫星馈电波束采用高增益抛物面天线，同样工作在 Ka 频段。星上具备软件定义功能，可基于特定区域业务需求，按需灵活分配频率和容量，实现上下行所有业务的星上处理、交换、重封装等功能。Kuiper 星座的具体工作频段见表 1－13。

表 1－13　Kuiper 星座频率计划[38]

链路和传输方向	频率范围	卫星天线类型	极化方式
用户链路上行	28.35～28.6 GHz 28.6～29.1 GHz 29.5～30.0 GHz	相控阵天线	RHCP/LHCP
用户链路下行	17.7～18.6 GHz 18.8～19.3 GHz 19.3～19.4 GHz 19.7～20.2 GHz	相控阵天线	RHCP/LHCP
馈电链路上行	27.5～28.6 GHz 28.6～29.1 GHz 29.1～29.5 GHz 29.5～30.0 GHz	抛物面天线	RHCP/LHCP
馈电链路下行	17.7～18.6 GHz 18.8～19.3 GHz 19.3～19.4 GHz 19.7～20.2 GHz	抛物面天线	RHCP/LHCP

（3）地面系统

Kuiper 卫星间不存在星间链路，其信关站站址将分布在整个服务区域，以使每颗 Kuiper 卫星接入两个不同的信关站，从而提升系统吞吐量并降低共线干扰事件。来自多个信关站站址的业务通过地面光纤回传链路进行聚合，传输到互联网交换点（Internet Exchange Point，IXP）或接入点（Point - of Presence，PoP）站点。在每个 IXP 或 PoP 站点，Kuiper 连接到互联网骨干网，或直接连接到亚马逊骨干设施和数据中心，如图 1－26 所示。

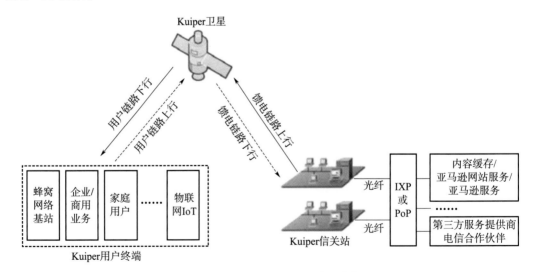

图 1－26　Kuiper 系统网络架构[38]

Kuiper 系统网络通过全局软件定义的 SDN 网络控制器进行资源管理。控制器负责为用户终端和信关站最优地分配波束资源，不仅可以基于用户需求和业务类型进行长期资源分配，也可以基于以天为时间颗粒度或峰值容量需求进行短期资源调整。

亚马逊公司在卫星地面站领域已推出了"地面站即服务"全托管式的 AWS 地面站（AWS Ground Station）服务业务，以帮助企业、研究人员、政府和太空机构从环绕地球的卫星下载和上传数据，该业务主要针对遥感卫星产生的数据。而微软公司 2020 年 10 月正式推出面向航天的云计算服务——Azure Space，与亚马逊的 AWS 地面站业务形成直接竞争。因此，Kuiper 信关站一方面用于连接 Kuiper 卫星提供宽带接入服务，另一方面未来可与 AWS 地面站整合成亚马逊一体化的全球云服务网络，提升亚马逊的云计算服务竞争力。

1.2　高中轨卫星通信系统

高轨卫星通信系统与低轨卫星通信系统相比，具有单星容量大、覆盖范围广、成本高等特点，理论上三颗地球静止轨道（GEO）卫星即可基本实现全球覆盖。高通量通信卫星（HTS）是在使用相同频率资源的条件下，通过采用频率复用、多点波束等先进技术，使得其通信容量比常规通信卫星高数倍甚至数十倍。图 1 - 27 所示为 HTS 系统典型架构示意图。从 2004 年首颗 HTS 卫星发射以来，GEO 轨道 HTS 卫星呈逐年增长态势。根据欧洲咨询公司预测，2017—2025 年间，全球预计有 96 颗 GEO HTS 卫星发射。

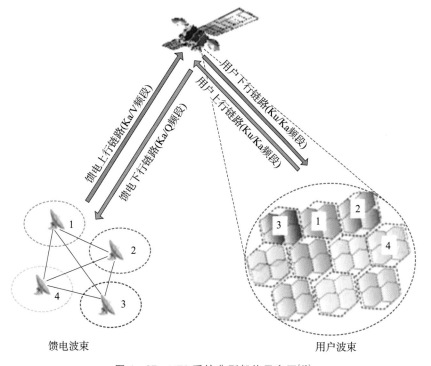

图 1 - 27　HTS 系统典型架构示意图[40]

HTS 系统发展历程如图 1-28 所示。第一代 HTS 卫星采用宽波束，系统吞吐量在 1~3 Gbps 之间，以 IPSTAR 卫星和 Anik-F2 卫星为代表。第二代 HTS 卫星开始使用宽点波束和频率复用技术，吞吐量在 5~10 Gbps，主要出现在 2006—2007 年，以 WildBlue-1 卫星和 Spaceway-3 卫星为代表，主要使用 Ka 频段。第三代 HTS 卫星大量使用窄点波束和频率复用技术（小于 100 个），吞吐量在 100 Gbps 左右，主要出现在 2010 年以后，以 KA-SAT 卫星和 ViaSat-1 卫星为代表。第四代 HTS 卫星采用更窄的点波束，吞吐量超过 300 Gbps，最高可达 1 Tbps，以 JUPITER 3、ViaSat-2 卫星和 ViaSat-3 卫星为代表[40]。

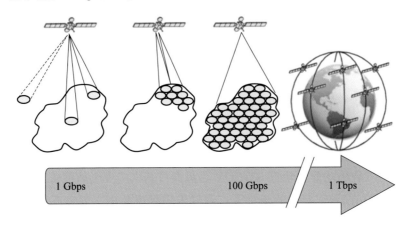

图 1-28　HTS 系统发展历程示意图[40]

2022 年是低轨卫星互联网高歌猛进的一年，那么 2023 年则是高轨、中轨卫星互联网的高光时刻。ViaSat 的首颗 ViaSat-3、休斯的 JUPITER 3、Eutelsat 的 KONNECT VHTS、O3b 的 6 颗 O3b mPOWER 等下一代高通量卫星（VHTS）集体登台亮相。

1.2.1　ViaSat 卫星系统

1.2.1.1　卫星及载荷

ViaSat 的卫星星座由支持大容量 Ka 频段的地球静止轨道卫星组成，如图 1-29 所示，包括 ViaSat-1 卫星、ViaSat-2 卫星、ViaSat-3 星座以及 KA-SAT 卫星。其中 ViaSat-1 卫星、ViaSat-2 卫星与 KA-SAT 卫星分别位于西经 115.1°、西经 69.9°、东经 9°。ViaSat-3 星座正在建设中，其设计为一个由三颗大容量 Ka 频段卫星组成的全球卫星星座[41]。

（1）ViaSat-1 卫星

ViaSat-1 卫星于 2011 年 10 月 19 日在哈萨克斯坦的拜科努尔航天发射场发射，采用四色复用方式，具有 72 个 Ka 频段点波束，其中 63 个在美国，9 个在加拿大。ViaSat-1 是当时全球在轨最高容量的通信卫星，其容量高达 140 Gbps，如图 1-30 所示。ViaSat-1 卫星的质量为 6 740 kg，传输速率可以达到 25 Mbps，其宽带覆盖范围包括美国大陆、阿拉斯加、夏威夷和加拿大。

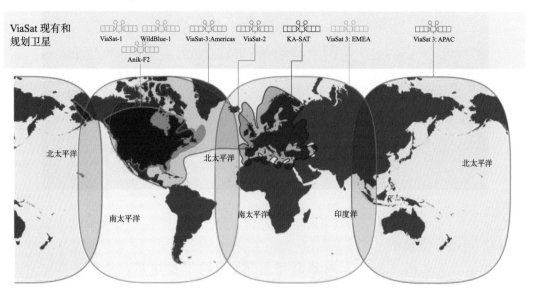

图 1 - 29　ViaSat 星座示意图[41]

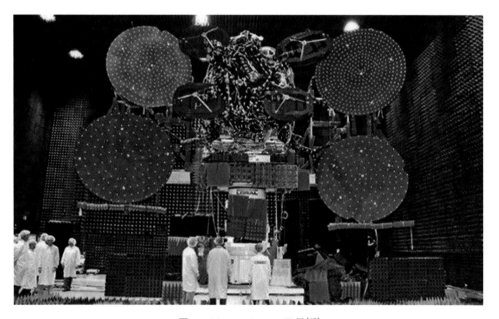

图 1 - 30　ViaSat - 1 卫星[42]

（2）ViaSat - 2 卫星

ViaSat - 2 卫星于 2017 年从法属圭亚那库鲁的欧洲航天中心发射，原计划容量为 300 Gbps，速率高达 100 Mbps，卫星质量 6 400 kg[43]，如图 1 - 31 所示。但 ViaSat - 2 的四个 Ka 频段天线中的两个出现问题，导致其实际效果低于最初的设计，容量最终只有 260 Gbps。ViaSat - 2 卫星扩大了 ViaSat 的卫星宽带服务，使其遍及北美、中美洲、加勒比海以及主要航空和海上航线。

图 1-31　ViaSat-2 卫星[43]

（3）ViaSat-3 星座

ViaSat-3 星座计划由三颗超高容量 Ka 频段卫星组成，分别为 ViaSat-3（Americas）、ViaSat-3（EMEA）、ViaSat-3（APAC）。其中，ViaSat-3（Americas）将覆盖美洲地区，ViaSat-3（EMEA）将覆盖欧洲、中东和非洲地区，ViaSat-3（APAC）将覆盖亚太地区。ViaSat-3 卫星重约 6.3 t，采用全电推进系统，能够提供 100 Mbps＋的通信速率，通信容量达到 1Tbps，设计寿命达 15 年以上。首颗 ViaSat-3 于 2023 年 5 月 1 日发射升空，是迄今为止最强的通信卫星，也是波音 702MP＋平台的首发星，702MP 系列平台首次采用全电推进系统，卫星定点后将为西半球的南北美洲提供通信服务[44]。图 1-32 所示为 ViaSat-3 卫星及在轨展开示意图；图 1-33 所示为 ViaSat-3 三颗卫星的覆盖图。

图 1-32　ViaSat-3 卫星及在轨展开示意图[44-45]

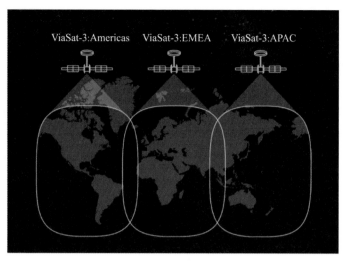

图 1-33　ViaSat-3 三颗卫星的覆盖图[44]

1.2.1.2　地面系统

ViaSat-1 采用 ViaSat 公司自研的 Surfbeam 系统，在美国设置 17 个信关站，在加拿大设置 4 个信关站，每个信关站使用 7 m 口径抛物面天线和一幢大楼建筑，大楼用来容纳连接光纤互联网骨干网的设备。

ViaSat-2 卫星通信容量超过 300 Gbps。为了最大限度地利用 ViaSat-2 高吞吐量卫星的能力，ViaSat-2 设置 45 个信关站，但每个信关站的成本不到 ViaSat-1 信关站的一半。ViaSat-2 信关站的每副天线直径将略大于 4 m，其占地面积更小，比 ViaSat-1 提供更高的网络可靠性和更高的安全性。图 1-34 所示为 ViaSat 卫星的两代信关站。

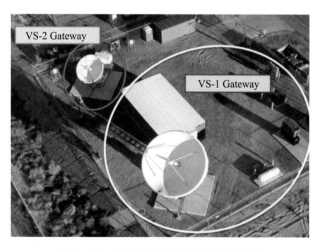

图 1-34　ViaSat 卫星的两代信关站[47]

1.2.2 Hughes 卫星系统

1.2.2.1 卫星及载荷

自 2007 年休斯公司的第一颗高通量卫星 SPACEWAY 3 发射以来，休斯公司又先后发射了 JUPITER 1（EchoStar 17）、JUPITER 2（EchoStar 19），其中 JUPITER 2 是当时世界上容量最大的卫星之一。与 Starlink、OneWeb 不同，休斯公司发射的均为地球静止轨道（GEO）卫星。同时，休斯公司还通过搭载 Hughes 65 West 和 63 West 有效载荷的卫星、租用第三方卫星资源提供卫星网络服务。图 1-35 所示为 Hughes 卫星部署示意图。

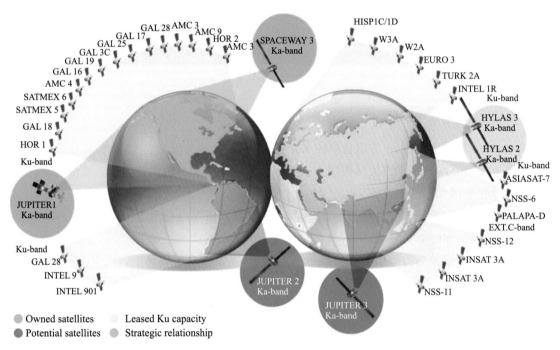

图 1-35　Hughes 卫星部署示意图[48]

（1）SPACEWAY 3

2007 年 8 月发射的 SPACEWAY 3 是第一个采用星上业务交换和路由的 Ka 频段卫星系统。该卫星提供宽带点播服务和一系列宽带 IP 服务，支持点波束形成、点对点通信和与地面终端的单跳组网。

SPACEWAY 3 轨道位置为西经 95°，主要覆盖北美洲，为企业、政府、消费者和小型企业提供互联网服务，容量为 10 Gbps[49]。图 1-36 所示为 SPACEWAY 3 卫星。

（2）JUPITER 1（EchoStar 17）

JUPITER 1 于 2012 年 7 月发射，负责在北美提供 HughesNet 高速互联网服务。JUPITER 1 将其前身 SPACEWAY 3 的容量增加到 120 Gbps，采用了多点波束、弯管 Ka 频段架构。其轨道位置为西经 107.1°，主要覆盖北美地区，为消费者和小型企业提供服务。图 1-37 所示为 JUPITER 1 卫星。

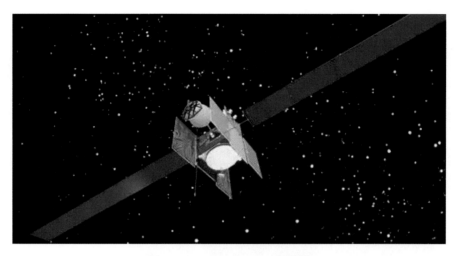

图 1 - 36　SPACEWAY 3 卫星[49]

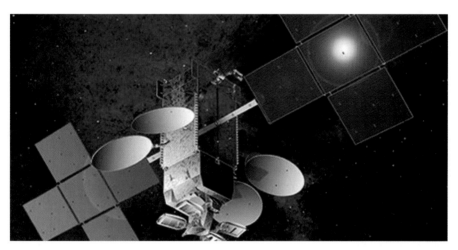

图 1 - 37　JUPITER 1 卫星[49]

（3）JUPITER 2（EchoStar 19）

2016 年 12 月发射的 JUPITER 2（EchoStar 19）将 JUPITER 1 的 Ka 频段容量增加了近一倍，达到 200 Gbps。JUPITER 2 具有基于 SSL 1300 平台的多点波束、弯管 Ka 频段结构。该卫星使下载速度达到 25 Mbps（美国联邦通信委员会确定的宽带速度），使JUPITER 2 成为有史以来第一颗在美国西海岸到东海岸之间提供宽带速率的卫星[49]。JUPITER 2 轨道位置为西经 97.1°，服务范围包括美国大陆、墨西哥和加拿大，服务对象包括消费者、企业、政府、服务提供商等。图 1 - 38 所示为 JUPITER 2 卫星。

（4）JUPITER 3（EchoStar 24）

2023 年上半年发射的 JUPITER 3 是备受期待的下一代超高密度卫星（UHDS），它将极大地扩展 HughesNet 在美洲的整体覆盖范围和容量。JUPITER 3 卫星通信系统的 Ka频段总容量是 JUPITER 2 的两到三倍。JUPITER 3 是第一颗使用 Q 和 V 频段作为馈电

图 1-38　JUPITER 2 卫星[49]

链路的高通量卫星，支持空中 Wi-Fi、海上连接、企业网络、移动网络运营商（MNOs）的回传以及社区 Wi-Fi。JUPITER 3 轨道位置为西经 95°，可为包括美国、加拿大、墨西哥、巴西在内的大多数美洲国家提供服务。图 1-39 所示为 JUPITER 3 卫星。

图 1-39　JUPITER 3 卫星[49]

1.2.2.2　地面系统

　　JUPITER 系统是休斯公司用于高通量和常规卫星上的宽带服务地面系统，具有灵活和健壮的网络架构，使运营商能够为任何卫星宽带实现尽可能高的容量和效率。JUPITER 核心技术是采用高性能 JUPITER 片上系统（SoC），其采用多核架构的定制设计 VLSI 处理器，可在 JUPITER 终端上实现高吞吐量。图 1-40 所示为休斯公司的 JUPITER 系统及其信关站基带设备。

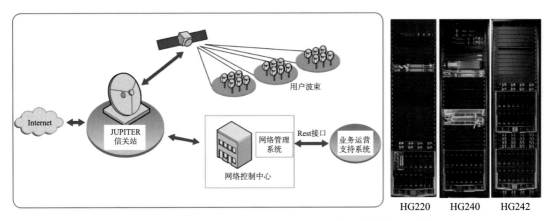

图 1-40　休斯公司的 JUPITER 系统及其信关站基带设备[46]

图 1-41 给出了休斯卫星通信系统能力演进。现在最新型号的 JUPITER 系统为第三代 JUPITER 系统 "Series 3"，该系统包括集线器或网关、用户终端、定期更新的软件以及自动化运维支持系统（OSS）和业务支持系统（BSS）。其终端最新一代片上系统能够以超过 400 Mbps 的速率提供高速服务（通过更高解码速率的新型 500 MHz 波形实现）。Series 3 还具有高密度网关架构，可以利用调制解调池化设计和 IP 处理资源来支持每架 50 Gbps 的吞吐率。Series 3 同时具有集中式数据中心，可支持 Q 频段和 V 频段[50]。

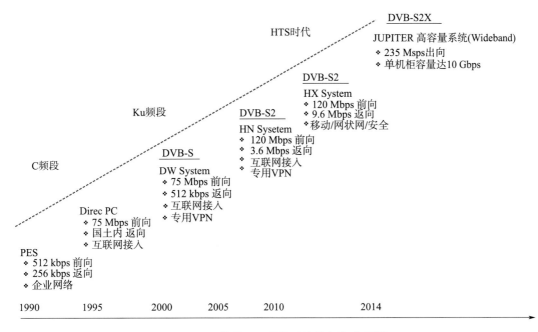

图 1-41　休斯卫星通信系统能力演进图[50]

1.2.3 KONNECT 卫星系统

2022 年 9 月 8 日，由泰雷兹和莱昂纳多的合资企业泰雷兹阿莱尼亚宇航公司为欧洲通信卫星公司（Eutelsat）建造的 KONNECT VHTS 通信卫星，从位于法属圭亚那库鲁的欧洲航天中心成功发射。

KONNECT VHTS 为欧洲通信卫星公司的 Ka 频段超高通量卫星，其最高容量为 500 Gbps（目前已被波音制造的容量为 1 Tbps 的 ViaSat-3 超越），将为欧洲、北非和中东提供高速宽带和移动连接，如图 1-42 所示。KONNECT VHTS 由泰雷兹阿莱尼亚宇航公司基于其全电推平台 Spacebus-Neo-200 研制，由 4 台 PPS-5000 等离子推力器负责姿轨控，载荷功率大于 15 kW，该星具备抗干扰、在轨频谱优化、在轨容量重构等能力。该星发射质量 6.3 t，设计寿命 15 年。

该卫星携带了 Ka 频段有效载荷，配备了世界上最强大的第 5 代数字处理器，允许动态容量分配和优化频谱使用。该卫星具有 230 个波束，可向欧洲用户提供天基互联网服务，包括卫星覆盖率低的偏远地区。

图 1-42　KONNECT VHTS 卫星[51]

1.2.4　mPOWER 卫星系统

O3b（Other 3 billion）公司是卢森堡 SES 公司的全资子公司。该公司主要建设和运营中地球轨道（MEO）卫星星座，旨在为移动运营商和互联网服务提供商（ISP）提供话音和数据通信服务。其第一代卫星网络 O3b FM 由 20 颗 Ka 频段卫星组成，轨道高度为 8 000 km，于 2019 年 4 月完成最后一次卫星发射[52]。

O3b mPOWER 通信卫星星座是 SES 公司推出的第二代 MEO 卫星通信系统，由 13 颗 MEO 卫星构成，运行在高度 8 000 km 的 MEO 上，可以覆盖全球 96％的地区。该星座的总通信容量达到数个 Tbps，平均每颗卫星通信容量达到数百 Gbps。该星座由 O3b 公司负责运营，由波音卫星系统公司研制，单星发射质量约 2 t[52]。

目前，O3b mPOWER 星座 1、2 号通信卫星已于 2022 年 12 月 17 日成功发射，3、4 号通信卫星（图 1-43）已于 2023 年 4 月 29 日成功发射，星座总计升空卫星已达 4 颗。O3b mPOWER 5、6 号卫星将于 2023 年 11 月底前发射，而星座仅需 6 颗卫星就能初步提供全球通信服务。按计划，O3b mPOWER 7、8 号双星将于 2024 年下半年发射。O3b mPOWER 9、10、11 号卫星将于 2025 年发射，12 号和 13 号卫星将于 2026 年发射，最终完成星座组网。

图 1-43　O3b mPOWER 3、4 号通信卫星[53]

O3b mPOWER 卫星基于波音 BSS-702X 卫星平台研制，采用全电推进系统，配备波音首个软件定义有效载荷，搭载了电子扫描相控阵天线，工作于 Ka 频段，拥有 5 000 多个数字波束，能够进行实时控制扫描和切换，单个波束最大通信速率达到 10 Gbps（并非

卫星通信相控阵设计技术

每个波束都能同时使用该峰值速率），往返通信时延小于 150 ms。

O3b mPOWER 星座的主要客户包括云服务提供商微软 Azure、网络运营商 Orange、嘉年华邮轮集团、智能网络解决方案提供商 Marlink、宽带和在线商务服务提供商 Jio Platforms、移动电话运营商 Claro Brasil、卢森堡政府和电信运营商 CNT Ecuador 等公司和政府机构。O3b mPOWER 星座也在推动民用卫星在军用场景的应用。

参 考 文 献

［1］ Starlink – Wikipedia ［DB/OL］. ［2023 – 11 – 16］. https：//en. wikipedia. org/wiki/Starlink♯.

［2］ Jonathan's Space Pages ｜ Starlink Statistics ［EB/OL］. （2023 – 04 – 27）［2023 – 11 – 16］. https：// planet4589. org/space/con/star/stats. html.

［3］ Space Exploration Technologies. SpaceX non – geostation – ary satellite system Attachment A：technical information to supplement Schedule S，File Number：SAT – MOD – 20181108 – 00083 ［EB/OL］. https：//licensing. fcc. gov/my – ibfs/download. do? attachment ＿ key ＝ 1569860，2018.

［4］ Jeff Foust. FCC grants partial approval for Starlink second – generation constellation ［EB/OL］. ［2023 – 11 – 16］. https：//spacenews. com/fcc – grants – partial – approval – for – starlink – second – generation – constellation/.

［5］ 刘帅军，徐帆江，刘立祥，等. StarLink 星座卫星入轨预测与仿真分析 ［EB/OL］.（2023 – 02 – 03）［2023 – 11 – 16］. https：//mp. pdnews. cn/Pc/ArtInfoApi/article? id＝33747012.

［6］ 刘帅军，徐帆江，刘立祥，等. Starlink VLEO 星座构型与低轨空间可容纳卫星数量分析 ［EB/OL］.（2022 – 07 – 25）［2023 – 11 – 16］. https：//mp. weixin. qq. com/s? ＿ ＿ biz＝MzA3ODMxNTIxMA＝＝ ＆mid ＝ 2650601633＆idx ＝ 1＆sn ＝ 5dff32c4579dca0f67b17ea34bcd41fe＆chksm ＝ 874cf304b03b7a121ee21d2e08413aac2b27c829aed6125adb60829c01ae42a8a45b0b3864b6＆scene＝27.

［7］ 刘帅军，徐帆江，刘立祥，等. Starlink VLEO 星座介绍与仿真分析 ［J］. 卫星与网络，2021（11）：48 – 53.

［8］ Starlink Block v1. 0 – Gunter's Space Page ［EB/OL］. ［2023 – 11 – 16］. https：//space. skyrocket. de/doc ＿ sdat/starlink – v1 – 0. htm.

［9］ Por Daniel Marín. Lossatélites VisorSat de SpaceX：malas noticias para los astrónomos ［EB/OL］.（2021 – 01 – 08）［2023 – 11 – 16］. https：//danielmarin. naukas. com/2021/01/08/los – satelites – visorsat – de – spacex – malas – noticias – para – los – astronomos/.

［10］ Fluoritt. SpaceX Starlink Satellite ［EB/OL］.（2021 – 01 – 08） ［2023 – 11 – 16］. https：//www. cgtrader. com/gallery/project/sattelite.

［11］ Starlink Block v1. 5 – Gunter's SpacePage ［EB/OL］. ［2023 – 11 – 16］. https：//space. skyrocket. de/doc ＿ sdat/starlink – v1 – 5. htm.

［12］ How Starlink Works ［EB/OL］. ［2023 – 11 – 16］. https：//www. starlink. com/technology.

［13］ Live coverage：SpaceX counting down to midnight – hour Starlink launch ［EB/OL］. ［2023 – 11 – 16］. https：//www. spaceze. com/news/live – coverage – spacex – counting – down – to – midnight – hour –

starlink – launch.

[14] 杨文翰，花国良，冯岩，等. 星链计划卫星网络资料申报情况分析 [J]. 天地一体化信息网络，2021，2 (1)：60 – 68.

[15] Del Portillo I, Cameron B G, Crawley E F. A technical comparison of three low earth orbit satellite constellation systems to provide global broadband [J]. Acta astronautica, 2019, 159：123 – 135.

[16] 刘帅军，徐帆江，刘立祥，等. Starlink 第二代系统介绍 [J]. 卫星与网络，2020 (12)：62 – 65.

[17] 王迪，骆盛，毛锦，等. Starlink 卫星系统技术概要 [J]. 航天电子对抗，2020，36 (5)：51 – 56.

[18] Starlink Ground Station Locations：An Overview [EB/OL]. [2023 – 11 – 16]. https：//starlinkinsider. com/starlink – gateway – locations/.

[19] StarLink 卫星地基网络相关数据详细剖析 [EB/OL]. (2023 – 04 – 21) [2023 – 11 – 16]. https：// mp. weixin. qq. com/s/6AGKWoB7oJWXYNNhBMMH6w.

[20] StarLink 卫星网络如何工作 [EB/OL]. [2023 – 11 – 16]. https：//www. sohu. com/a/452719240 _ 99942477.

[21] daedalus _ j. (Presumed) SpaceX/Starlink Ground Station in North Bend WA [EB/OL]. [2023 – 11 – 16]. https：//www. reddit. com/r/spacex/comments/b9xhh3/presumed _ spacexstarlink _ ground _ station _ in _ north/.

[22] lvasc. This is how Gateway V3 looks inside the dome [EB/OL]. [2023 – 11 – 16]. https：//www. reddit. com/r/Starlink/comments/nllzoa/this _ is _ how _ gateway _ v3 _ looks _ inside _ the _ dome/.

[23] Starlink [EB/OL]. [2023 – 11 – 16]. https：//www. starlink. com/map.

[24] Starlink [EB/OL]. [2023 – 11 – 16]. https：//www. starlink. com/service – plans.

[25] SpaceX Has Been Selling Starlink Dishes at a Huge Loss Despite $ 499 PriceTag [EB/OL]. [2023 – 11 – 16]. https：//au. pcmag. com/networking/86493/spacex – has – been – selling – starlink – dishes – at – a – huge – loss – despite – 499 – price – tag.

[26] 杨广华，王强，陈国玖，等. 美国"星链"低轨星座军事应用前景探析 [J]. 中国航天，2022 (09)：60 – 63.

[27] Micah Garbarino. Hill AFB's 388th OSS exploring agile communications options for F – 35A [EB/OL]. (2022 – 05 – 31) [2023 – 11 – 16]. https：//www. af. mil/News/Article – Display/Article/2983523/hill – afbs – 388th – oss – exploring – agile – communications – options – for – f – 35a/.

[28] Eutelsat OneWeb – Wikipedia [DB/OL]. [2023 – 11 – 16]. https：//en. wikipedia. org/wiki/Eutelsat _ OneWeb.

[29] 王学宇，武坦然. OneWeb 低轨道卫星系统及其军事应用分析 [J]. 航天电子对抗，2022，38 (4)：59 – 64.

[30] Eutelsat OneWeb – Wikipedia [DB/OL]. [2023 – 11 – 16]. https：//oneweb. net/.

[31] OneWeb 1, …, 900 – Gunter's Space Page [EB/OL]. [2023 – 11 – 16]. https：//space. skyrocket. de/doc _ sdat/oneweb. htm.

[32] OneWeb designer makes business case for satellite constellation debrisremoval [EB/OL]. [2023 – 11 – 16]. https：//www. spaceintelreport. com/oneweb – designer – makes – business – case – for – satellite – constellation – debris – removal/.

[33] OneWeb Satellite Operator formerly known as WorldVu Satellites [EB/OL]. [2023 – 11 – 16].

https：//sky－brokers. com/supplier/oneweb－satellite－operator/.

［34］　翟继强，李雄飞. OneWeb 卫星系统及国内低轨互联网卫星系统发展思考［J］. 空间电子技术，2017，14（6）：1－7.

［35］　Tony Azzarelli. OneWeb GlobalAccess［DB/OL］. ［2023－11－16］. https：//www. itu. int/en/ITU－R/space/workshops/SISS－2016/Documents/OneWeb％20. pdf.

［36］　OneWeb Minisatellite Constellation［EB/OL］. ［2023－11－16］. https：//www. eoportal. org/satellite－missions/oneweb♯development－status.

［37］　User Terminal image assets［EB/OL］.［2023－11－16］. https：//oneweb. net/resources/hardware/user－terminals.

［38］　刘帅军，胡月梅，刘立祥. 低轨卫星星座 Kuiper 系统介绍与分析［J］. 卫星与网络，2019（12）：63－68.

［39］　Get answers to your questions about Amazon's big, new initiative in space.［EB/OL］.［2023－11－16］. https：//www. aboutamazon. com/news/innovation－at－amazon/what－is－amazon－project－kuiper.

［40］　惠腾飞，张剑，刘明洋. 新一代高通量卫星通信系统载荷关键技术研究［J］. 空间电子技术，2021，18（4）：10－15.

［41］　Global satellite internet coverage［EB/OL］.［2023－11－16］. https：//www. viasat. com/space－innovation/satellite－fleet/global－satellite－internet/.

［42］　ViaSat－1 satellite［EB/OL］. ［2023－11－16］. https：//www. viasat. com/space－innovation/satellite－fleet/viasat－1/.

［43］　ViaSat－2 satellite［EB/OL］. ［2023－11－16］. https：//www. viasat. com/space－innovation/satellite－fleet/viasat－2/.

［44］　ViaSat－3 satellite［EB/OL］. ［2023－11－16］. https：//www. viasat. com/about/viasat－3/.

［45］　Boeing Delivers Powerful Satellite Platform to ViaSat［EB/OL］. ［2023－11－16］. https：//news. viasat. com/boeing－delivers－powerful－satellite－platform－to－viasat－1.

［46］　https：//www. hughes. com/sites/hughes. com/files/2023－12/JUPITER－System－with－DVB－S2X. pdf

［47］　Caleb Henry. ViaSat plans massive ground network of smaller gateways for ViaSat－2 and ViaSat－3 satellites［EB/OL］. ［2023－11－16］. https：//spacenews. com/viasat－plans－massive－ground－network－of－smaller－gateways－for－viasat－2－and－viasat－3－satellites/.

［48］　Hughes Global Managed Service［EB/OL］.［2023－11－16］. http：//hncchina. cn/en/servicecon. aspx？id＝782.

［49］　JUPITER GEO Satellites［EB/OL］. ［2023－11－16］. https：//www. hughes. com/what－we－offer/satellite－services/jupiter－geo－satellites♯payloads.

［50］　休斯中国［EB/OL］.［2023－11－16］. http：//hncchina. cn/.

［51］　Pierre－François Mouriaux. Derniers préparatifs du satellite Eutelsat Konnect VHTS［EB/OL］. ［2023－11－16］. https：//air－cosmos. com/article/derniers－preparatifs－du－satellite－eutelsat－konnect－vhts－52831.

［52］　李萌. O3b mPOWER 星座系统发展与应用前景［J］. 卫星应用，2022（4）：50－55.

［53］　O3B MPOWER［EB/OL］. ［2023－11－16］. https：//www. ses. com/media－gallery/o3b－mpower.

第2章 相控阵发展现状

随着全球高低轨宽带卫星通信系统建设,特别是以 Starlink、OneWeb 为代表的大规模低轨星座的快速部署,极大地推动了卫星通信终端相控阵技术的发展。相控阵天线作为用户终端的关键组成部分,迫切需要响应用户"更小、更强、更经济"的要求,即要考虑小型化、高性能以及低成本设计。围绕用户对于宽带接入的迫切需要,国外各厂商纷纷推出新型低成本相控阵产品。本章重点阐述近年在工业界的卫星通信相控阵产品现状和发展趋势。

2.1 卫通相控阵发展现状

2.1.1 Starlink 相控阵天线

SpaceX 于 2020 年 10 月推出了"Better than Nothing Beta"计划。该服务的 Beta 版在美国每月定价为 99 美元,客户需要花费 499 美元的预付费用来连接卫星。SpaceX 用户设备价格远低于其实际成本,该公司目前承担着约三分之二的客户设备成本。据悉目前每个终端设备的成本约为 1 500 美元。图 2-1 所示为 Starlink 第一代和第二代相控阵天线产品。

如图 2-2 所示,第一代终端相控阵天线阵面的宽度约 50 cm,斜宽约 54.5 cm,阵面的天线单元采用三角布阵[1]。天线单元采用以空气作为介质的双层耦合天线,不同于传统的印制板工艺的多层贴片天线,一方面利用寄生辐射单元提高增益的同时拓展了微带天线的带宽,另一方面采用多层天线结构,中间采用空气介质、PCB 板材介质等进一步拓展了天线的带宽。该天线具有 30% 的相对带宽,满足接收 10.7~12.7 GHz 和发射 14.0~14.5 GHz 的频率需求,可有效降低印制板层数和加工难度,同时实现批量化低成本[1,2]。

图 2-1 Starlink 第一代和第二代相控阵天线产品[1]

(a) Starlink 第一代相控阵天线阵列

(b) 天线阵列局部放大图

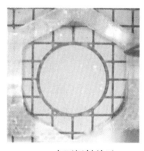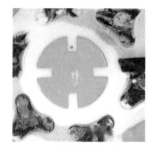

(c) 表面辐射单元　　　　　(d) 底层天线单元

图 2-2 Starlink 第一代相控阵天线阵面和阵元[2]

如图 2-3 所示，射频链路部分由两种芯片构成，其中 8 个小芯片和 1 个大芯片为一组。根据系统架构初步判断，小芯片负责 T/R 的前端芯片，有两个通道，分别带有低噪放和末级功放；大芯片对应 8 个小芯片，为 8 通道幅度相位控制多功能芯片。芯片部分大芯片与小芯片的比例是 1∶8，总共有 79 个大芯片，632 个小芯片，结合阵面天线单元数量接近 1 300 个阵元，每个小芯片覆盖 2 个单元[1-2]。

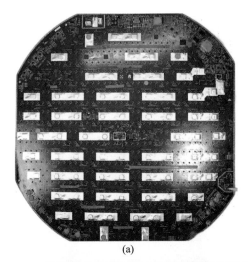

(a)

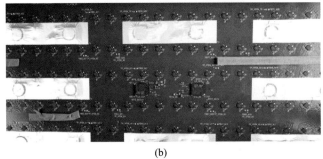

(b)

图 2-3　Starlink 第一代相控阵天线芯片贴装面[2]

2.1.2　Kuiper 相控阵天线

亚马逊 2020 年 12 月 16 日宣布研发了一种 Ka 频段收发共口径相控阵天线（图 2-4）。由于 Ka 卫星通信收发工作在不同频段，频段间隔较远，因此传统相控阵天线采用接收相控阵和发射相控阵空间分离的设计，增加了整个系统的尺寸和重量。亚马逊推出的相控阵天线，采用发射天线和接收天线叠置设计，集成在最大 30 cm 直径的圆盘中。亚马逊已经测试了该天线原型，展示了 400 Mbps 的速率。天线接收了来自地球静止轨道卫星的 4K视频[3]。

亚马逊在 Satellite 2023 会议上展示了用于 Kuiper 网络的三种终端相控阵天线，包括轻薄型、家用型和企业级天线，可分别提供 100 Mbps、400 Mbps 和 1 Gbps 网络速率[4-5]。

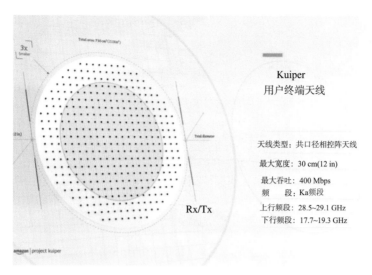

图 2 - 4　亚马逊推出的 Ka 频段收发共口径相控阵天线[3]

　　第一款产品主打经济性与高性能，针对住宅及小型企业客户，可安装在建筑物屋顶。终端宽度 11 in，厚度 1 in，重量不到 5 lb（不含安装支架），传输速率高达 400 Mbps（图 2 - 5）。预计单台生产成本将低于 400 美元[4-5]。

图 2 - 5　Kuiper 网络 400 Mbps 用相控阵[4]

　　第二款产品设计主打小型尺寸，针对经济型家用需求，或是有移动和物联网需求的企业与政府，其形状为正方形，宽度为 7 in（约合 17.8 cm），重量仅有 1 lb（约合 453.6 g），传输速率高达 100 Mbps（图 2 - 6）[4-5]。

　　第三款产品主打大带宽，主要针对有大带宽需求的企业、政府和电信应用设计，设备尺寸为 19 in×30 in，传输速率高达 1 Gbps（图 2 - 7）[4-5]。

　　这 3 款天线皆使用了亚马逊自己设计的基带芯片 Prometheus，该芯片也被用于 Kuiper 卫星以及地面信关站，用于处理每颗卫星高达 1 Tbps 的网络流量。

图 2 - 6　Kuiper 网络 100 Mbps 用相控阵[4]

图 2 - 7　Kuiper 网络 1 Gbps 用相控阵[4-5]

2.1.3　OneWeb 相控阵天线

2021 年 8 月 24 日，OneWeb 推出了一款公文包大小的电子控制用户终端，该终端被称为 OW1，它是迄今为止最小的能够连接到低地球轨道星座的终端。这家初创公司计划将平板天线与 OneWeb 卫星调制解调器集成在一个密封的户外设备中。

OW1 是由 OneWeb 与韩国天线制造商 Intellian Technologies 和雷神技术公司的子公司 Collins Aerospace 合作开发的。OneWeb 表示，该公司计划开发一系列天线，包括平板天线和双抛物面天线，以支持近 650 颗卫星组成的近地轨道宽带星座。

据 OneWeb 称，平板天线尺寸为 50 cm×43 cm×10 cm，质量约 10 kg（图 2-8）。室外天线设计为通过单一的电源和数据电缆连接到室内设备，从而连接到笔记本电脑和路由器等设备。

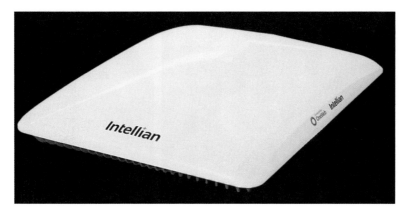

图 2 - 8　OneWeb 推出的平板天线[6]

休斯公司在 Satellite 2022 上展示了一款专为 OneWeb LEO 卫星连接服务设计的新型电控平板天线（图 2 - 9），该相控阵天线采用低剖面设计，无运动部件，非常适合固定式和移动式连接。其可以每隔 11 s 从一个卫星波束无缝切换到另一个波束，每隔 3 min 从一颗卫星无缝切换到下一颗卫星。通过一系列测试，该天线技术已被证明可以支持低轨连接，下行速率为 190 Mbps，上行速率为 20 Mbps，往返时延平均为 55 ms[7]。

图 2 - 9　休斯公司为 OneWeb 设计的相控阵天线[7]

2.1.4　Gilat 相控阵天线

Gilat 的电子控向天线（Electronically Steerable Antenna，ESA）系统专为 GEO 和 NGSO 星座上的高通量卫星（VHTS）设计，如图 2 - 10 所示，其能够与所有现有的 GEO IFC 网络兼容，同时其能够提供低至 20° 的天线仰角。该天线系统提供双发射和双接收操作，使 GEO、MEO、LEO 间的切换有多种选择，包括先切后断（Make - Before - Break）和 GEO/LEO 同时操作。此外，该系统支持高频谱，采用双波束设计，每个波束具有 500 MHz/250 MHz 的瞬时带宽，总吞吐量超过 2.5 Gbps[8]。

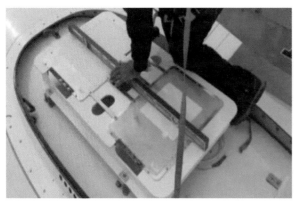

图 2 - 10　Gilat 推出的机载相控阵天线[8]

2.1.5　Satixfy 相控阵天线

　　Satixfy 公司自主研发了一款基于 ESMA 的硅基 Ku 频段物联网（IoT）终端天线（图 2 - 11），它们分别是具有 64 个天线阵元和 256 个天线阵元的天线。该天线具有可扩展的架构，最多可支持 100 万个阵元（在 Ku 频段对应 10 m×10 m 的阵列），通过专用射频集成电路（RFIC）支持任意频率、任意极化方式（包括同时支持圆极化和线性极化）、任意形状（包括共形阵列）的设计，最多可支持 32 个收发波束。天线采用全数字波束形成技术，支持 1 GHz 以上的瞬时带宽，工作在 TDD（半双工）和 FDD（全双工）模式[9]。

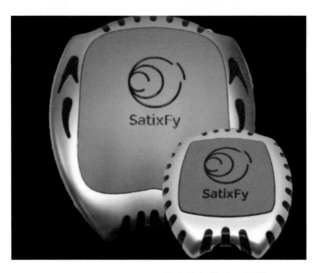

图 2 - 11　Satixfy 公司推出的相控阵天线[9]

　　Onyx Aero 电控多波束 IFC 终端（Electronically Steered Multibeam IFC Terminal）基于 Satixfy 公司的电控多波束天线（ESMA）阵列（具有 Satixfy 开发的首个数字波束成形 ASIC），如图 2 - 12 所示，主要面向单通道飞机以及商务飞机。Onyx Aero 终端为软件定义天线，支持先接后断，能够与所有 GEO 卫星以及 OneWeb 的 LEO 星座进行连接，具有圆极化与线性极化两种方式，最高速率达数百 Mbps，上行链路频率为 $13.75 \sim$ $14.5\,\mathrm{GHz}$，下行链路频率为 $10.7 \sim 12.75\,\mathrm{GHz}$，发射 EIRP 为 $42.5\,\mathrm{dBW}$，在天线瞄准线（Boresight）处 G/T 值为 $10.5\,\mathrm{dB/K}$[10]。

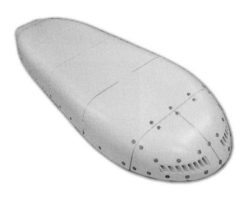

图 2 - 12 Onyx Aero 电控多波束 IFC 终端[10]

2.1.6 C - Com 相控阵天线

2018 年 6 月 21 日，C - COM 卫星系统公司使用 4×4 收发组件模块，成功地测试了其 16×16 子阵列相控阵天线（图 2 - 13）。2016 年 5 月，C - COM 基于其专利移相器技术，成功测试了其首款 4×4 Ka 频段相控阵列模块。4×4 Ka 频段智能天线模块采用基于创新架构的低成本多层平面电路，具有灵活度高、厚度小、模块化、一致性和适应性强等特点。即使几个天线元件关闭，模块仍然能够提供可接受的辐射方向图，而不会显著降低性能。天线的模块化特性和曲面的适应能力使得其可以适用于汽车、船只、火车、公共汽车和飞机等载体。这一新系统及其对更高的毫米波频段的扩展能力也使其将来可以在 5G 及毫米波汽车雷达等电信领域得到应用[11]。

图 2 - 13 C - COM 研制的 16×16 相控阵[11]

2.1.7 AAC 相控阵天线

AAC Singapore Wireless Technology Centre 研制的用于 5G 带射频前端的集成毫米波相控阵天线，采用喇叭天线阵和微带功分网络馈电相结合的方式，仿真天线增益 24 dB，功分网络插入损耗约 1.8 dB，并用 6 层 PCB 制作了相控阵天线实物（图 2-14）[12]。

图 2-14　64 元相控阵天线[12]

2.1.8 Phasor 相控阵天线

Phasor 公司研发的低成本相控阵天线，采用具有电子波束成形功能的专用集成电路（ASIC），这些芯片与非常小的贴片天线组合成一个单元，超过 500 个单元分布在经过射频优化的面板上，构成了 Phasor 核心模块的基础。核心模块可以构成各种尺寸和配置，高度只有 25～50 mm 的相控阵天线，具有重量轻、面积小、精度高和扩展能力强等特点，能够以非常高的增益提供超过 100 Mbps 的宽带速率，如图 2-15 所示，采用共形设计，以便在更大的 180° 范围内扫描，双波束技术使 LEO 卫星和 GEO 卫星可互操作[13]。

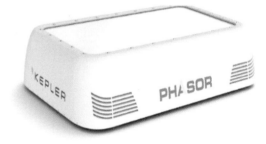

图 2-15　Phasor 相控阵天线[13]

2.1.9　Isotropic Systems 相控阵天线

Isotropic Systems 开创性采用透镜电扫解决方案，全电扫终端将提供无缝切换和高瞬时带宽且只需要传统终端 10％的功率，该设计是为 OneWeb 量身定制的，满足特定性能和成本要求。该天线如图 2-16 所示，每个组成单元由顶层透镜和焦平面上的 37 个微带馈源构成，这种架构设计可以大幅度降低产品成本[14]。

图 2-16　Isotropic 相控阵天线[14]

2.1.10　Kymeta 天线

Kymeta 公司开发了基于软件和超材料的电子波束成形天线，其天线使用超材料形成全息波束，这意味着可以使用软件而不是机械部件来动态地调整天线指向，这也大大降低了天线的功耗。Kymeta 天线使用电子射频波束指向控制、电子极化选择和角度控制、卫星自动识别和跟踪，可以广泛应用于移动通信领域。该款 Ku 频段天线采用八边形结构，可以更好地适应安装需求（图 2-17）。

Kymeta 研制的 Ku 频段卫星平板 KyWay 质量约 9 kg，长度为 70 cm，厚度仅为 8 cm，天线功耗很低，波束成形功率不到 1 W，天线子系统模块功率为 30 W，天线的接收增益为 33 dB，发射增益为 32.5 dB，可使用单个天线口径进行发射和接收（图 2-17）[15]。

图 2-17　Kymeta 天线[15]

2.1.11 CesiumAstro 天线

美国卫星天线和通信系统制造商 CesiumAstro 公司正在进入机上连接（IFC）市场。该公司于 2023 年 3 月 13 日发布了一种用于航空的新型多波束平板终端，可以支持用于商业航空和国防的多个 Ka 频段星座。

CesiumAstro 公司的天线终端利用多波束相控阵技术，能够跟踪多个卫星波束，通过先切后断（Make-Before-Break）技术实现无缝切换。该终端还可以同时连接多颗卫星和多个星座，包括低地球轨道（LEO）和地球静止轨道（GEO），其后端是软件定义的，可以与几个不同的调制解调器兼容，以兼容不同的星座。该公司计划在 2023 年与空客公司共同在一架商用飞机上实现演示飞行（图 2-18）[16]。

图 2-18　CesiumAstro 公司的机载相控阵天线[16]

2.2　卫通相控阵芯片发展现状

为 5G 毫米波和宽带卫星通信等市场开发的毫米波相控阵天线对硅基多通道相控阵芯片需求迫切，为了进一步降低天线的体积和成本，采用硅基工艺进行更大规模集成是主要解决方案。图 2-19 是典型卫星通信相控阵天线结构图，图中天线采用单片集成 8 个接收通道的相控阵芯片，芯片采用晶圆片级芯片规模封装（WLCSP）进行倒装装配，具有体积小和成本低的特点。

由于在硅基工艺普及之前所有的相控阵芯片都采用化合物半导体制造，且硅基工艺在高频和高功率方面与化合物半导体尚有差距，采用硅基工艺设计制造相控阵收发芯片是需要极大勇气的。然而，学术界较早开展了基于硅基工艺设计相控阵芯片的核心技术研究，这为该类芯片的商用化奠定了基础。其中，加州大学圣地亚哥分校的 Gabriel M. Rebeiz 教授领导的团队早在 2007 年就开始对硅基相控阵芯片设计技术开展研究，并报道了图 2-20

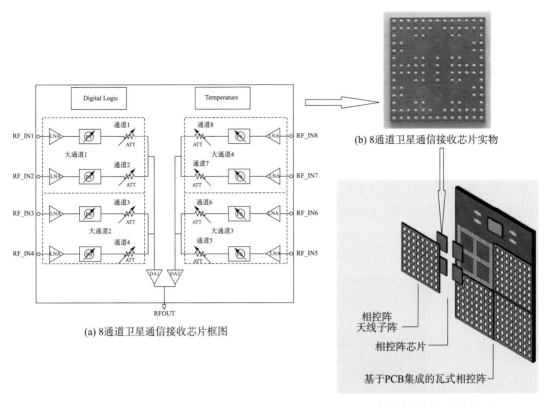

(b) 8通道卫星通信接收芯片实物

相控阵
天线子阵

相控阵芯片

基于PCB集成的瓦式相控阵

(c) 毫米波相控阵天线结构图

图 2－19　卫星通信相控阵天线结构示意图

所示基于 0.18 μm SiGe BiCMOS 工艺的 6～18 GHz 多通道相控阵芯片，宽带移相精度小于 3.5°，并在后续长达十多年的时间陆续报道了覆盖 6～100 GHz 的硅基多通道相控阵收发芯片的研究成果。该类技术的研究和推广极大地推动了硅基相控阵芯片的产品化发展。

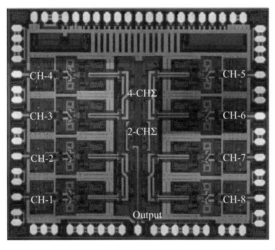

图 2－20　6～18 GHz 多通道相控阵芯片[17]

2015 年前后，5G 通信正开始初步规划和论证，其中 5G 毫米波频段（24～30 GHz）应用的提出进一步引发了硅基毫米波相控阵芯片学术研究的热潮。IBM 华盛顿研究中心针对 5G 毫米波基站用硅基相控阵芯片开展了前沿性研究，并于 2017 年报道了基于 0.13 μm SiGe BiCMOS 工艺的 16 通道高功率相控阵收发芯片，如图 2-21 所示[18]。该成果提出的 T-line 型移相器结构和高线性硅基前端开关技术，成功解决了硅基毫米波低损耗高精度移相和硅基 TR 开关损耗大的难题，宽带移相精度小于 1.4°，发射模式下开关损耗小于 0.5 dB。该成果实现了单片集成 16 个幅相控制全集成通道的目标，极大地降低了相控阵天线的成本和体积。此后，学术界的研究人员相继报道了基于 SiGe 工艺和 CMOS 工艺的全集成相控阵收发芯片研究成果，射频性能和集成度进一步提高，为 5G 毫米波应用奠定了坚实的基础。

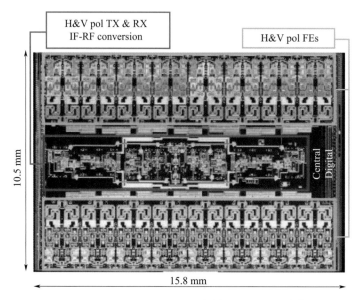

图 2-21　16 通道 5G 毫米波相控阵收发芯片[18]

近年来硅基多通道相控阵芯片在产品化方面已取得了巨大进展，使得终端相控阵的小型化和低成本成为现实。受益于 5G 和以 Starlink 为代表的低轨星座的快速部署，国外以 Anokiwave、Renesas、ADI 公司为代表的工业界也积极推出用于卫星通信、5G 和雷达等相控阵应用场景的硅基芯片解决方案。

2.2.1　Anokiwave 相控阵芯片

美国的 Anokiwave 公司基于 GF 0.13 μm 8HP SiGe BiCMOS 和 45 nm RFSOI 工艺平台，针对 Ku/K/Ka 频段卫星通信、5G 基站天线、X/Ku/Ka 频段有源相控阵（AESA）雷达，开发了系列化的幅相多功能芯片产品（见表 2-1）[19]。

表 2-1　Anokiwave 公司相控阵芯片产品列表[19]

芯片型号	工作频段/GHz	收发类型	封装尺寸/mm²	工作电压/V	相位控制位数	相位 RMS	幅度控制位数	幅度 RMS
AWS-0101	8~11	4TR+4R	7 * 7(P)	1.8	6 bits	3°	6 bits	0.5 dB
AWS-0103	8~11	4TR+4R	7 * 7(P)	1.8	6 bits	3°	6 bits	0.5 dB
AWS-0104	8~11	4TR	7 * 7(P)	1.8	6 bits	3°	6 bits	0.5 dB
AWS-0105	8~11	4TR	7 * 7(P)	1.8	6 bits	3°	6 bits	0.5 dB
AWMF-0117	10.5~16	1TR	2.5 * 2.5	1.8	6 bits	5°	6 bits	0.5 dB
AWS-0102	17.2~20.2	8R	7 * 7(P)	1.8	5 bits	5°	5 bits	0.3 dB
AWMF-0112	17.2~20.2	8R	7 * 7(P)	1.8	5 bits	5°	5 bits	0.25 dB
AWMF-0108	26.5~29.5	4TR	6 * 6(P)	1.8	5 bits	5°	5 bits	0.5 dB
AWMF-0109	27.5~30.0	4T	6 * 6(P)	1.8	5 bits	5°	5 bits	0.5 dB
AWMF-0113	27.5~30.0	8T	6 * 6(P)	1.8	5 bits	5°	5 bits	0.5 dB
AWMF-0116	26~30.0	1TR	2.5 * 2.5	1.8	6 bits	5°	6 bits	0.5 dB

2.2.2　Renesas 相控阵芯片

日本的 Renesas 公司发布的卫星通信/雷达相控阵芯片产品系列支持 Ku-Satcom、K/Ka-Satcom 和 Ku/CDL 三个常用频段，用于卫星通信、点对点地面通信和雷达应用。这些集成电路不仅最大限度地提高了天线阵列的性能和功率效率，同时也简化了射频组件的物理尺寸。该集成电路芯片的封装尺寸考虑了相控阵阵元 λ/2 间距，可与 2×2 双极化子阵列进行匹配集成。芯片内置电源管理功能，同时具有增益/相位高正交性和通道高隔离，降低了热管理和校准要求[20]。表 2-2 所示为 Renesas 典型硅基射频多功能芯片。

表 2-2　Renesas 典型硅基射频多功能芯片[20]

芯片型号	芯片描述	工作频段/GHz	增益/dB	OP1dB/dBm	工作电压/V	封装/mm
F6121	16 通道接收	10.7~12.75	11		2.1~2.5	3.8×4.6,63-BGA
F6123	16 通道接收	14~17	11		2.1~2.5	3.8×4.6,63-BGA
F6212	16 通道接收	17.7~21.2	27		2.1~2.5、0.9~1.0	7.6×7.6,165-BGA
F6521	8 通道发射	13.75~14.5	25	10.5	2.1~2.5	3.8×4.6,62-BGA
F6522	8 通道发射	27.5~31.0	28	11	2.1~2.5	3.8×4.6,62-BGA
F6513	8 通道发射	14~17	23	12.5	2.1~2.5	3.8×4.6,62-BGA

2.2.3　ADI 相控阵芯片

美国的 ADI 公司针对 5G 毫米波和低轨宽带卫星通信需求研制了系列化的硅基相控阵收发芯片，产品应用覆盖 DC~50 GHz，可支撑应用于低成本和小型化的相控阵天线系统中。表 2-3 所示为 ADI 公司相控阵芯片典型产品；图 2-22 所示为 ADI 公司的 ADAR3001 卫星通信相控阵芯片产品实物图。

表 2-3　ADI 公司相控阵芯片典型产品[21]

芯片型号	工作频段	收发类型	PS/TTD 控制位数	PS/TTD RMS	G 控制位数	G RMS
ADAR4002	0.5～19 GHz	1T＋1R	6 bits	2ps	6 bits	0.5 dB
ADAR3002	17.7～21.2 GHz	4T/4R	6 bits	3°	6 bits	0.5 dB
ADAR3001	27～31 GHz	4T/4R	6 bits	3°	6 bits	0.5 dB
ADMV1228	24～29.5 GHz	4TR	6 bits	3°	6 bits	0.5 dB
ADMV1239	37～43.5 GHz	4TR	6 bits	3°	6 bits	0.5 dB
ADMV4728	47.2～48.2 GHz	1TR	6 bits	5°	6 bits	0.5 dB
ADAR3000S	17.7～21.2 GHz	4T/4R	6 bits	5°	6 bits	0.5 dB
ADAR3001S	27～31 GHz	4T/4R	6 bits	5°	6 bits	0.5 dB

图 2-22　ADI 公司的 ADAR3001 卫星通信相控阵芯片产品实物图[22]

2.3　发展趋势

　　传统的相控阵技术主要应用于军事雷达等应用场景，卫星互联网的快速部署和推进极大地推动了相控阵商业应用。相控阵发展呈现出以下趋势：

　　1）高集成化。目前主流的卫星通信相控阵技术都采用了瓦式相控阵架构，将天线、网络、组件基于多层 PCB 板进行高密度的混合集成，解决了传统相控阵分立架构所面临的高密度互连问题，产品更加简洁，更易于批量化生产制造。

　　2）低成本化。低成本是相控阵进行商业化应用的必然要求。尽管相控阵技术是一种先进技术，但传统的实现方案价格高昂，不适合商业化应用场景。因此，目前主流的趋势是采用硅基多功能集成芯片取代传统的Ⅲ-Ⅴ族芯片，将成本呈量级降低，同时采用低成本的 PCB 集成工艺和回流焊接制造工艺进一步降低整机成本。

3）组件芯片化。射频组件是相控阵的关键组成部分，传统的射频组件通常采用分立元器件进行微组装集成，卫星通信相控阵愈加趋向采用包含放大、移相、调幅多功能的多通道高集成的硅基芯片，既降低了成本，又极大提升了系统集成度。

4）多波束化。相控阵技术是实现多波束架构的较佳选择，卫通相控阵多波束实现的关键是网络、芯片和集成工艺，通过采用超多层 PCB 工艺可以实现多个网络的一体化集成，同时硅基芯片可以实现多通道多波束组件的一体化集成，因此多波束也是后续相控阵发展的重要趋势。

参 考 文 献

［1］ StarLink［EB/OL］.［2023 - 11 - 16］. https：//www. starlink. com/.

［2］ StarLink Dish 相控阵终端［EB/OL］.［2023 - 11 - 16］. https：//mp. weixin. qq. com/s/UGTBc -
YaDwaYcQg5m9nhKA.

［3］ 亚马逊展示"柯伊伯"星座用平板天线［EB/OL］.［2023 - 11 - 16］. https：//www. 163. com/
dy/article/FU35IEIG05119RIN. html.

［4］ Amazon 披露最新 Kuiper 卫星网络 3 款客户端天线设计［EB/OL］.［2023 - 11 - 16］. https：//
baijiahao. baidu. com/s? id=1760508374269817116&wfr=spider&for=pc.

［5］ Project Kuiper［EB/OL］.［2023 - 11 - 16］. https：//www. aboutamazon. com/what - we - do/
devices - services/project - kuiper.

［6］ Compact ｜ Flat Panel Series［EB/OL］.［2023 - 11 - 16］. https：//www. flatpanel. intelliantech.
com/compact - flat - panel.

［7］ Hughes Debuts Multi - Transport Satellite - LTE Capability，Unveils Groundbreaking New Flat Panel
Antenna Technology for OneWeb Service［EB/OL］.［2023 - 11 - 16］. https：//www. hughes. com/
resources/press - releases/hughes - debuts - multi - transport - satellite - lte - capability - unveils.

［8］ Gilat outlines plan for supporting IFC with low - profile ESA［EB/OL］.［2023 - 11 - 16］. https：//
runwaygirlnetwork. com/2020/02/gilat - outlines - plan - for - supporting - ifc - with - low -
profile - esa/.

［9］ 卫通天线的创新——平板天线［EB/OL］.［2023 - 11 - 16］. http：//www. 360doc. com/content/
18/0510/07/53843834 _ 752626564. shtml.

［10］ Onyx Aero Electronically Steered Multibeam IFC Terminal［EB/OL］.［2023 - 11 - 16］. https：//
www. satixfy. com/product/aero/.

［11］ C - COM Announces Successful Test of Ka - band Phased Array Mobile Satellite Antenna［EB/OL］.
［2023 - 11 - 16］. https：//luminabsa. com. au/c - com - announces - successful - test - of - ka - band -
phased - array - mobile - satellite - antenna/.

［12］ 毫米波相控阵天线国内外发展现状及技术趋势［EB/OL］.［2023 - 11 - 16］. https：//www.
arralisgroup. cn/newsinfo/2053873. html.

［13］ 卫星通信中相控阵天线的应用及展望［EB/OL］.［2023 - 11 - 16］. https：//www. sohu. com/a/
419449927 _ 423129.

［14］ Isotropic，SES Demo Multi - Orbit Satcom Terminal［EB/OL］.［2023 - 11 - 16］. https：//
aviationweek. com/aerospace/commercial - space/isotropic - ses - demo - multi - orbit - satcom -

terminal.

[15] Liquid Telecom Partners With Kymeta in a Bid to Connect Africa's Remote Areas [EB/OL]. [2023 - 11 - 16]. http：//innovation - village. com/liquid - telecom - partners - kymeta - in - a - bid - to - connect - africas - remote - areas/.

[16] HIGH - THROUGHPUT MULTI - BEAM ANTENNA SOLUTION [EB/OL]. [2023 - 11 - 16]. https：//www. cesiumastro. com/systems/ka - band - satcom - 3.

[17] K oh K J , Rebeiz G M . An X - and Ku - Band 8 - Element Phased - Array Receiver in 0. 18 μm SiGe BiCMOS Technology [J]. IEEE Journal of Solid State Circuits，2008，43（6）：p. 1360 - 1371.

[18] Plouchart J O , Lee W , Ozdag C , et al. A fully - integrated 94 - GHz 32 - element phased - array receiver in SiGe BiCMOS [C]. Radio Frequency Integrated Circuits Symposium. IEEE，2017.

[19] Products [EB/OL]. [2023 - 11 - 16]. https：//www. anokiwave. com.

[20] Products [EB/OL]. [2023 - 11 - 16]. https：//www. renesas. com.

[21] Products [EB/OL]. [2023 - 11 - 16]. https：//www. analog. com.

[22] ADAR3001 Datasheet and Product Info [EB/OL]. [2023 - 11 - 16]. https：//www. analog. com/en/products/adar3001. html.

第 3 章　相控阵基础知识

3.1　相控阵理论

通过控制相控阵天线各个单元或者子阵的相位和幅度，可以控制天线的波束指向，形成扫描波束。最基本的相控阵天线是一维直线阵，天线的波束只能在一个维度内扫描。在一维直线阵的基础上，多个一维直线阵可组成二维面阵，在方位面和俯仰面上都可以形成扫描波束。在两者的基础上，将部分阵元去掉，可以形成稀疏化相控阵。在对相控阵的分析中，假设阵元间不互相影响可以大大简化分析的难度。但在实际应用中，阵元间的互耦会对相控阵的性能产生较大的影响，所以针对相控阵中阵元间的互耦效应展开抑制方法研究是很有必要的。

3.1.1　一维相控阵

一维直线相控阵如图 3-1 所示，阵列由 N 个相同的阵元以间隔 d 沿 x 轴排列，每个阵元的辐射方向图为 $f(\theta,\varphi)$，馈入阵元的电流幅度为 I_n，相邻阵元馈电相位差为 α。对于位于远场的目标而言，各个阵元辐射的电磁波的角度几乎一致，均为 θ。相控阵的远场辐射方向图为[1]

$$F(\theta,\varphi)=\sum_{n=1}^{N}I_n f(\theta,\varphi)\,\mathrm{e}^{\mathrm{j}n(\beta d\sin\theta-\alpha)} \tag{3-1}$$

阵列天线的辐射方向图为单元辐射方向图乘以阵因子。可以得到一维线阵的阵因子

$$AF=\sum_{n=1}^{N}I_n\,\mathrm{e}^{\mathrm{j}n(\beta d\sin\theta-\alpha)} \tag{3-2}$$

对于一般的阵列天线，阵列中每个阵元的馈电幅度和馈电相位保持一致时，其辐射波束为边射方向（即波束指向与阵轴垂直）。而相控阵因各阵元的馈电幅度和馈电相位可以

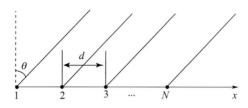

图 3-1　一维直线相控阵示意图

改变，所以其波束指向可以偏离边射方向。如果是有源相控阵，可以实时调节阵元的馈电幅度和馈电相位以实现波束扫描，这也是相控阵相较于其他阵列天线最大的优势。在这里，为了简化分析，认为各阵元的馈电幅度是一致的，均为 1，于是天线阵因子可表示为

$$AF = \sum_{n=1}^{N} e^{jn(\beta d \sin\theta - \alpha)} \tag{3-3}$$

定义 $\psi = \beta d \sin\theta - \alpha$，则

$$AF = \sum_{n=1}^{N} e^{jn\psi} \tag{3-4}$$

当 $e^{jn\psi} = 1$ 时，阵因子可以得到最大值，这要求 $\psi = 0$。设此时波束指向的角度为 θ_0，即

$$\alpha = \beta d \sin\theta_0 \tag{3-5}$$

也就是说，当相邻阵元的馈电相位差为 $\beta d \sin\theta_0$ 时，相控阵波束指向角为 θ_0。在有源相控阵中，通过改变相邻阵元的馈电相位差，相控阵天线的波束指向角 θ 发生变化，可以实现主波束的扫描。

对于式（3-4），利用等比数列求和等数学手段，可以得到 AF 的简化归一化表达式

$$AF = \frac{\sin(N\psi/2)}{N\sin(\psi/2)} \tag{3-6}$$

从上述公式中，还可以发现，当 ψ 为 2π 的整数倍时，其所对应的其他波束指向角方向的阵因子与主瓣幅度相等，出现了栅瓣。为了避免栅瓣的出现，可以通过减小阵元间距 d 来实现。这要求在可视范围允许的波束指向角范围内 ψ 的最大值要小于 2π，即

$$\beta d (\sin\theta - \sin\theta_0) \leqslant 2\pi \tag{3-7}$$

其中，θ 取值范围为 $[-\pi, \pi]$。

可以得到天线扫描到 θ_0 时不出现栅瓣对阵元间距的要求为

$$d \leqslant \frac{\lambda_{\min}}{1 + |\sin\theta_{0\max}|} \tag{3-8}$$

其中，$\lambda_{\min}$ 为天线工作波长的最小值；$\theta_{0\max}$ 为扫描角的最大值。

如果对于任意的扫描角都不出现栅瓣，阵元间距需满足

$$d \leqslant \frac{\lambda_{\min}}{1 + \left|\sin\dfrac{\pi}{2}\right|} \tag{3-9}$$

设置阵元间距小于天线工作波长的一半，可在扫描时避免栅瓣出现。

3.1.2 二维相控阵

固定的一维直线阵只能在一个维度里扫描，如果采取机械转动的方式来实现其他维度上的扫描，则精度较低，操作复杂。所以可以采用二维相控阵来获得覆盖范围更加广阔的扫描波束。通过改变二维相控阵阵元的馈电幅度和馈电相位，可以实现俯仰面和方位面两个面上的扫描。在二维平面阵列天线中，有矩形栅格布阵、三角栅格布阵等多种布阵方法，其中矩形布阵是最基本、应用最广泛的布阵方式。在本节中以矩形布阵的相控阵为例来说明二维相控阵的工作原理。

矩形布阵的二维相控阵结构如图 3-2 所示。整个二维平面阵列共有 $M \times N$ 个天线单元，沿 x 轴方向有 M 个阵元以间距 d_x 均匀排列，N 个一维直线阵以间距 d_y 沿着 y 轴排列组成二维相控阵。设各阵元的馈入电流幅度为 I_{mn}，馈电相位为 α_{mn}。与 3.1.1 节类似，可以求得相控阵的远区辐射场的方向图

$$F(\theta,\varphi) = \sum_{m=1}^{M} \sum_{n=1}^{N} I_{mn} f(\theta,\varphi) \, \mathrm{e}^{\mathrm{j}[\beta(md_x\cos\varphi+nd_y\sin\varphi)\sin\theta-\alpha_{mn}]} \tag{3-10}$$

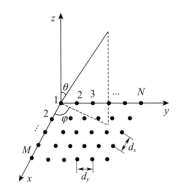

图 3-2 矩形布阵二维相控阵示意图

类似地，可以得到天线阵因子

$$AF = \sum_{m=1}^{M} \sum_{n=1}^{N} I_{mn} \, \mathrm{e}^{\mathrm{j}[\beta(md_x\cos\varphi+nd_y\sin\varphi)\sin\theta-\alpha_{mn}]} \tag{3-11}$$

如果可以将阵元馈电电流相位表示为一个仅与沿 x 轴阵元位置有关的函数和一个沿 y 轴阵元位置有关的函数的乘积，阵元的馈电相位可以分解为一个沿 x 轴均匀递变的相位和一个沿 y 轴均匀递变相位的和，则可以将阵因子分解为两个一维直线阵的阵因子的乘积。这样，对于直线阵的分析和综合方法也可以应用于二维相控阵的设计。二维平面阵的阵因子可表示为

$$AF = \sum_{m=1}^{M} \sum_{n=1}^{N} I_{xn} I_{yn} \, \mathrm{e}^{\mathrm{j}[\beta(md_x\cos\varphi+nd_y\sin\varphi)\sin\theta-m\alpha_x-n\alpha_y]} \tag{3-12}$$

整理可得

$$AF = \sum_{m=1}^{M} I_{xm} \, \mathrm{e}^{\mathrm{j}m(\beta d_x\cos\varphi\sin\theta-\alpha_x)} \sum_{n=1}^{N} I_{yn} \, \mathrm{e}^{\mathrm{j}n(\beta d_y\sin\varphi\sin\theta-\alpha_y)} \tag{3-13}$$

其中，可令

$$AF_x = \sum_{m=1}^{M} I_{xm}\, \mathrm{e}^{jm(\beta d_x \cos\varphi \sin\theta - \alpha_x)} \tag{3-14a}$$

$$AF_y = \sum_{n=1}^{N} I_{yn}\, \mathrm{e}^{jn(\beta d_t \sin\varphi \sin\theta - \alpha_y)} \tag{3-14b}$$

由上式可知，矩形布阵的二维平面阵列的阵因子在阵元的馈电电流幅度和馈电相位满足一定条件后，可以分解为一个沿 x 轴方向的一维直线阵和一个沿 y 轴方向的一维直线阵的阵因子乘积。

令

$$u_x = \beta d_x \cos\varphi \sin\theta - \alpha_x \tag{3-15}$$

$$u_y = \beta d_y \sin\varphi \sin\theta - \alpha_y \tag{3-16}$$

如果各个阵元的馈电电流幅度相同，均为 1，则二维相控阵阵因子可以表示为

$$AF = AF_x \cdot AF_y = \sum_{m=1}^{M} \mathrm{e}^{jmu_x} \sum_{n=1}^{N} \mathrm{e}^{jnu_y} \tag{3-17}$$

化简可得

$$AF = AF_x \cdot AF_y = \frac{\sin(M u_x/2)}{\sin(u_x/2)} \frac{\sin(N u_y/2)}{\sin(u_y/2)} \tag{3-18}$$

同样地，当 e^{jmu_x} 和 e^{jnu_y} 都等于 1 时，阵因子取得最大值，此时沿 x 轴和 y 轴的相邻均匀递变馈电相位为

$$\alpha_x = \beta d_x \cos\varphi_0 \sin\theta_0 \tag{3-19}$$

$$\alpha_y = \beta d_y \sin\varphi_0 \sin\theta_0 \tag{3-20}$$

此时，相控阵主波束指向空间角 (θ_0, φ_0)。

与一维直线阵类似，二维平面阵也存在着栅瓣问题。为了避免栅瓣的出现，沿 x 轴和 y 轴的阵元间距须满足下式

$$d_x \leqslant \frac{\lambda_{\min}}{1 + |\sin\theta_{0\max}^x|} \tag{3-21}$$

$$d_y \leqslant \frac{\lambda_{\min}}{1 + |\sin\theta_{0\max}^y|} \tag{3-22}$$

当沿 x 轴和 y 轴的阵元间距均满足下式时，二维平面阵扫描过程中不会出现栅瓣

$$d_x \leqslant \frac{\lambda_{\min}}{2} \tag{3-23}$$

$$d_y \leqslant \frac{\lambda_{\min}}{2} \tag{3-24}$$

3.1.3　稀疏化相控阵

宽带卫星通信要求终端天线具有较高增益，这就要求相控阵天线的阵列规模较大。采用均匀天线阵列布局的话，会造成天线整机重量大、造价高、馈电复杂。为了在尽可能保证天线阵辐射性能的同时显著降低重量和成本，稀疏阵应运而生。

阵列稀疏技术是指阵列口径尺寸不变、在不明显恶化天线主瓣增益和副瓣电平等性能条件下，将阵列中的一些天线单元不加激励（或直接去掉）的技术。

一种典型的稀疏阵列技术是规则栅格稀疏阵列，对阵中的一些单元不激励。对于3.1.2节中的二维平面阵，用 a_{mn} 表示阵元的工作状态，1 表示阵元处于激励状态，0 表示处于关闭状态。所以图 3-2 中的矩形布阵二维平面阵的阵因子可表示为

$$AF = \sum_{m=1}^{M} \sum_{n=1}^{N} a_{mn} I_{mn} \, \mathrm{e}^{\mathrm{j}[\beta(md_x\cos\varphi + nd_y\sin\varphi)\sin\theta - a_{mn}]} \qquad (3-25)$$

与周期性阵列通过控制单元间距来消除栅瓣不同，非周期性阵列的研究是通过算法优化，打乱周期性的单元间距，影响单元辐射电场的同相叠加位置，从而在保持较大单元间距的同时避免栅瓣出现。

3.1.4 相控阵单元间的互耦

在 3.1.1～3.1.3 节的分析中，为了简化分析，认为所有的阵元是孤立的，互相无影响。但实际应用中，天线阵元间的互耦影响很大，因此很有必要对互耦效应展开分析。

在实际的阵列中，每个阵元上的电流分布不仅受自身的馈电结构影响，还受其他阵元和外部环境的影响。图 3-3 显示了互耦效应的几种方式，主要包含阵元间的直接耦合、周围环境散射导致的间接耦合和馈电网络间的耦合[2]。互耦效应会影响天线阵的极化、增益、方向图等方面，耦合强度与阵元间距、阵元形状等因素有关。增大阵元间距虽然可以减小互耦效应，但阵元间距过大有可能会出现栅瓣，而且天线阵列的体积也会随之变大。在实际应用中，极化分集、屏蔽柱、方向图空间分集、超材料等方法被采用来减小互耦效应的影响[3]。

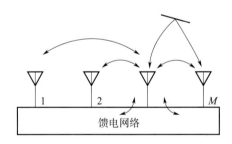

图 3-3　阵元间的耦合

3.2 相控阵主要指标

对于衡量相控阵性能的指标，本节将其分为阻抗指标和辐射指标两类。阻抗指标反映了馈电端口的性能，辐射指标反映了相控阵辐射体的辐射性能。

3.2.1　阻抗指标

（1）带宽

天线的带宽指的是满足一定的性能指标下天线的工作频率范围。在实际设计中，常用阻抗带宽、增益带宽、轴比带宽等，一般而言阻抗带宽最受到人们关注。天线的带宽可用工作频带的最高频率减去最低频率得到，称为绝对带宽

$$\Delta f = f_H - f_L \tag{3-26}$$

天线的带宽也可用绝对带宽与天线中心频率的百分比值来表示，称为相对带宽

$$BW = \frac{\Delta f}{f_0} \times 100\% \tag{3-27}$$

除此之外，对于超宽带天线，其工作频率包含范围非常大，相对带宽超过 100%，为了更好地表示其带宽，可以用其最大工作频率与最低工作频率的比值来表示，比如对于工作频带为 $1\sim5$ GHz 的超宽带天线，其带宽可表示为 $5:1$。

（2）反射系数

天线的反射系数可以衡量天线馈源的阻抗匹配程度。反射系数越小，越多的能量被馈入天线中，天线的辐射性能越好。对于天线阵列而言，由于互耦效应，单个天线阵元的反射系数与将其放在整个阵列时的反射系数并不相同，可以引入有源反射系数来衡量天线阵列中阵元的阻抗匹配状况。

假设天线阵列有 N 个阵元，其可用 $N \times N$ 的散射矩阵来表达，矩阵元素可表示为[4]

$$S_{mn} = \frac{V_m^-}{V_n^+} \bigg|_{V_k^+ = 0, k \neq n} \tag{3-28}$$

其中 V_m^+ 和 V_m^- 表示第 m 个阵元端口处的输入电压和反射电压，其存在着以下关系

$$V_m^- = \sum_{n=1}^{N} S_{mn} V_n^+ \tag{3-29}$$

对于归一化后的结果，第 n 个阵元上的总电压和总电流为

$$V_n = V_n^+ + V_n^- \tag{3-30}$$

$$I_n = I_n^+ - I_n^- = V_n^+ - V_n^- \tag{3-31}$$

当相控阵的扫描角度为 θ_0 时，假设各阵元馈电幅度一致，馈电相位为线性变化，输入电压为

$$V_m^+ = V_0 e^{-j\beta md \sin\theta_0} \tag{3-32}$$

第 m 个阵元的有源反射系数为

$$\Gamma_m(\theta_0) = \frac{V_m^-}{V_m^+} = \sum_{n=1}^{N} S_{mn} e^{-j\beta d(n\sin\theta_0 - m\sin\theta_0)} \tag{3-33}$$

从上式可知，阵元的有源反射系数与相控阵的扫描角有关。

（3）阻抗

与反射系数类似，在天线阵列中，受互耦效应的影响，阵元的阻抗也发生了变化，引

入了有源阻抗来表征互耦对阵元阻抗的影响。

类似的，可以得到有源阻抗的定义

$$Z_{mn} = \frac{V_m}{I_n}\bigg|_{I_i=0,\,i\neq n} \qquad (3-34)$$

当 $m=n$ 时，Z_{mn} 是其他阵元开路时第 m 个阵元的自阻抗，也即不考虑互耦效应的天线阻抗。当 $m\neq n$ 时，Z_{mn} 是第 m 个阵元与第 n 个阵元间的互阻抗。

考虑互耦效应的天线阵元的总输入阻抗可用下式计算

$$Z_m = \frac{V_m}{I_m} = Z_{m1}\frac{I_1}{I_m} + Z_{m2}\frac{I_2}{I_m} + \cdots Z_{mN}\frac{I_N}{I_m} \qquad (3-35)$$

（4）隔离度

隔离度也是天线阵性能的一个重要指标。无源隔离度可用式（3-28）的 S_{mn} 来表示，其中 $m\neq n$。它表示仅第 n 个阵元激励时，第 n 个阵元对第 m 个阵元的耦合影响。有源隔离度则指的是其他端口对目标端口耦合的叠加，可用目标端口的有源反射系数与自身的无源反射系数相减得到。

3.2.2 辐射指标

（1）方向图

天线的方向图为辐射参量在空间中随观测角度变化的分布情况。用不同的指标来表示天线的辐射特性，可以得到不同的方向图，如场强方向图、极化方向图、相位方向图等。在实际中，常常将方向性函数除以其最大值进行归一化，呈现归一化方向图。

天线的方向图有直角坐标图、极坐标图和三维图三种主要形式，其中三维图更能体现天线在各个方向的辐射特性，直角坐标更能直观看到不同方向天线的辐射特性数值。

对于相控阵而言，提取单个阵元进行仿真得到的方向图是孤立阵元的方向图，没有考虑阵中互耦效应的影响。而互耦会影响阵元的方向图，所以使用有源方向图来表示互耦效应下阵元的方向图。

有源方向图可以通过测试得到，将阵列的第 n 个阵元激励，其他阵元通道接匹配负载，得到的方向图为该阵元的有源方向图。阵列的方向图可以用有源方向图来表示

$$F_{\text{total}}(\theta,\varphi) = \sum_{i=1}^{N} I_i g_{ae}^{i}(\theta,\varphi)\,\mathrm{e}^{\mathrm{j}n(\beta d_i\sin\theta-\alpha_i)} \qquad (3-36)$$

有源方向图是通过测试得到的，充分考虑了各个因素对于方向图的影响。但逐个测试阵元的有源方向图较为烦琐，可以近似用中心阵元的有源方向图来替代其他阵元的有源方向图。这样，阵列的有源方向图可用下式表示

$$F_{\text{total}}(\theta,\varphi) = g_{ae}(\theta,\varphi)\sum_{i=1}^{N} I_i\,\mathrm{e}^{\mathrm{j}n(\beta d_i\sin\theta-\alpha_i)} \qquad (3-37)$$

（2）方向性系数

方向图虽然可以反映天线的辐射特性，但其作为一个相对值，不能体现天线辐射特性的优劣。方向性系数 D 被引入来定量描述天线集聚电磁能量的能力。方向性系数为同一

辐射功率下，天线在最大辐射方向的辐射功率密度与一理想的无方向性天线产生于同一点的辐射功率密度的比值

$$D = \frac{S_{\max}}{S_0} \qquad (3-38)$$

对于各向同性的天线而言，其方向性系数为 1，方向性系数越大，代表着天线能将更多的电磁能量集聚到很小的方位角内，方向性更好。

（3）主瓣宽度

在天线方向图中，往往存在着多个波瓣，其中辐射强度最大的称为主瓣。主瓣的两个半功率点间的角度称为 3 dB 主瓣宽度。一般而言，天线主瓣宽度越窄，方向性越好，抗干扰能力也越强。

（4）极化

天线极化指的是期望辐射方向上天线辐射电磁波的极化方式。虽然天线辐射的电磁波的极化在不同的方位角可能不同，但在希望的辐射方向上，所设计的天线的极化方式往往以一种为主。常用的极化为线极化和圆极化。根据地面的取向，线极化可分为垂直极化和水平极化。根据电磁波电场分量与磁场分量的相位关系，圆极化可分为左旋圆极化和右旋圆极化两种。圆极化可以分解为两个相位差 90° 的正交线极化。在实际设计中，圆极化天线的设计往往是采用单馈电或多馈电、单天线或多天线设法激励起两个具有 90° 相位差的正交线极化来合成圆极化。

（5）效率

天线的效率指的是天线实际辐射功率与输入功率之比，可用以下公式来计算

$$\eta_r = \frac{P_r}{P} \qquad (3-39)$$

天线的效率受诸多因素的影响，如表面波损耗、导体损耗、介质损耗和反射损耗等等。尽管天线效率与馈电端口和天线辐射体都有关，但在充分调节好天线与馈电端口的匹配后，反射损耗几乎可以忽略不计，此时天线的效率可以认为仅与天线辐射体的辐射性能有关。效率高的天线可以更为有效地将输入的电磁能量辐射出去，信号传输更加可靠稳定。效率是天线非常重要的一个性能指标。

（6）增益

增益是衡量天线辐射性能的一个重要指标，它指的是：在同一输入功率下，天线在最大辐射方向的辐射强度与一理想的无方向性天线产生于同一点的辐射强度的比值。

天线增益与天线有效口径面积的关系为

$$G = \frac{4\pi}{\lambda^2} A_e \qquad (3-40)$$

天线的增益与天线的方向性系数较为类似，不过方向性系数没有考虑各种损耗的影响，代表的是理想状况下天线的辐射性能。天线的增益则是天线实际工作时天线的辐射性能。天线增益与方向性系数通过天线辐射效率联系起来，具有以下关系

$$G = \eta D \qquad (3-41)$$

（7）等效全向辐射功率（EIRP）

等效全向辐射功率是有源天线的一个重要指标，它定义为发射机输出功率与天线增益的乘积。对于一个由 N 个增益为 G 的阵元组成的阵列，无源阵列的增益为 NG，在无源电扫架构下，阵列合成单个有源通道，整阵 EIRP 可用下式表示

$$EIRP = NP_{in}\varepsilon_L G \tag{3-42}$$

其中，ε_L 为损耗效率，代表馈电网络和移相器的插入损耗；P_{in} 表示发射机的输出功率。

对于有源电扫架构，每个阵元采用独立有源通道馈电，整阵 EIRP 用下式计算

$$EIRP = N^2 P_{mod} G \tag{3-43}$$

其中，P_{mod} 表示每个阵元对应的功率放大器的输出功率。

为了简化计算，假设功放的输出功率相同。对比式（3-42）和式（3-43）可以得到，有源相控阵的 EIRP 不受馈电网络和移相器损耗的影响。在阵元数相同时，有源相控阵 EIRP 高于无源相控阵。从可靠性角度，有源相控阵每个阵元都对应一个功放，某个功放出问题对整个阵列影响较小。而无源相控阵仅在合口有一个功放，对阵列影响大。所以有源相控阵可靠性也高于无源相控阵。有源相控阵的劣势在于使用了大量的功放，功耗高、成本高。

（8）G/T

G/T 常用在有源相控阵中来表示天线的接收能力，其中 G 指相控阵主波束在法向时无源阵列的增益，T 为系统等效噪声温度，且有

$$T = T_a + (F-1)T_0 \tag{3-44}$$

其中，T_0 一般取 290 K，T_a 为天线的噪声温度，暗室中常温测试时也取 290 K，对于 K/Ka 频段卫星地面终端，T_a 一般取 80 K[6]。F 为接收机噪声系数。对于有源相控阵，F 是接收系统的合成等效噪声系数。合成等效噪声系数包含阵元通道中移相器、滤波器等引入的损耗导致噪声系数的恶化。

（9）波束跃度

波束跃度指的是相控阵波束的移动不是连续的变化，而是跳跃式的变化，这是数字式移相器移相的不连续性引起的。

设数字式移相器的最小步进是 $2\pi/2^m$，记为 Δ，其中 m 是数字式移相器的位数。一维直线相控阵波束指向角度为 θ_n，两个相邻的阵元间的相位差为 $n\Delta$，由式（3-1）到式（3-5）可得

$$n\Delta = \beta d \sin\theta_n \tag{3-45}$$

波束指向 θ_n 可表示为

$$\theta_n = \arcsin\frac{n\lambda}{2^m d} \tag{3-46}$$

当波束在 $n-1$ 号位时

$$\theta_{n-1} = \arcsin\frac{(n-1)\lambda}{2^m d} \tag{3-47}$$

设波束跃度为 $\Delta\theta_n$，则

$$\sin\theta_n = \sin(\theta_{n-1} + \Delta\theta_n) \tag{3-48}$$

用简单的近似可以得到

$$\Delta\theta_n = \frac{\sin\theta_n - \sin\theta_{n-1}}{\cos\theta_{n-1}} \tag{3-49}$$

将式（3-47）和式（3-48）代入式（3-49）可得波束跃度

$$\Delta\theta_n = \frac{\lambda}{2^m d \cos\theta_{n-1}} \tag{3-50}$$

3.3　分析、综合、赋形方法

3.3.1　阵列天线通用分析方法

以二元天线阵列为例，设两个半波振子天线如图 3-4 排列，两个天线馈电电流为 I_0，I_1。

由图 3-4 可知，0 号和 1 号振子天线方向图函数形式相同，可写为

$$f_0(\theta,\varphi) = \frac{\cos\left(\dfrac{\pi}{2}\cos\theta\right)}{\sin\theta} \tag{3-51}$$

则两个阵元在远区 p 点产生的电场分别为

$$E_0 = j\frac{60 I_0}{r_0} e^{-j\beta r_0} f_0(\theta,\varphi)$$

$$E_1 = j\frac{60 I_1}{r_1} e^{-j\beta r_1} f_1(\theta,\varphi) \tag{3-52}$$

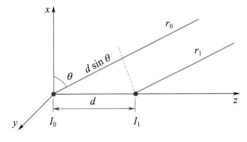

图 3-4　两个半波振子天线

设这两个对称振子等长，并且是平行或共轴放置，则 $f_1(\theta,\varphi) = f_0(\theta,\varphi)$。二元阵总场为

$$E_T = E_0 + E_1 = j60 I_0 f_0(\theta,\varphi)\left[\frac{e^{-j\beta r_0}}{r_0} + \frac{I_1}{I_0}\frac{e^{-j\beta r_1}}{r_1}\right] \tag{3-53}$$

由此，作远场近似：对幅度 $1/r_1 \approx 1/r_0$，对相位 $r_1 = r_0 - e_{r_0} \cdot e_z d = r_0 - d\sin\theta$（其中 $\hat{r}_0$，$\hat{z}$ 为单位矢量），并设 $I_1/I_0 = m\,\mathrm{e}^{-\mathrm{j}\alpha}$（$m$ 为两单元电流的幅度比，α 为两单元电流之间的相位差。若 $\alpha > 0$，则 I_1 滞后于 I_0；若 $\alpha < 0$，则 I_1 超前于 I_0；若 $\alpha = 0$，则 I_1 与 I_0 同相位）。此时

$$E_T = \mathrm{j}\frac{60I_0}{r_0}\,\mathrm{e}^{-\mathrm{j}\beta r_0} f_0(\theta,\varphi)\,[1 + m\,\mathrm{e}^{\mathrm{j}(\beta d\sin\theta - \alpha)}] = \mathrm{j}\frac{60I_0}{r_0}\,\mathrm{e}^{-\mathrm{j}\beta r_0}\,\mathrm{e}^{\mathrm{j}\psi/2} f_T(\theta,\varphi) \quad (3-54)$$

式中，$f_T(\theta,\varphi) = f_0(\theta,\varphi) f_a(\theta,\varphi)$。可见，二元阵总场方向图由两部分相乘而得，第一部分 $f_0(\theta,\varphi)$ 为单元天线的方向图函数；第二部分 $f_a(\theta,\varphi)$ 称为阵因子，它与单元间距 d、电流幅度比值 m、相位差 α 和空间方向角 θ 有关，与单元天线无关[5]。式（3-54）中符号定义为下式

$$\psi = \beta d\sin\theta - \alpha \quad (3-55)$$

其中，ψ 为两个单元辐射场之间的相干相位差，由波程相位差和馈电相位差合成。

天线阵的最终方向图由阵元方向图和阵因子方向图直接相乘获得，阵元或阵因子零点方向为方向图零点，阵元和阵因子共同最大方向为方向图最大方向，零点间存在波瓣（旁瓣）。

波束扫描一般指通过特定技术使得天线的增益最大值指向在一定角度范围内变化。在实际应用中，可以通过改变波束方向来覆盖特定区域的目标。该技术被广泛应用于雷达、通信、导航、安全和其他领域。例如，传统的雷达系统通过波束覆盖一个宽阔的区域，可能会遇到距离较远的目标或邻近目标的干扰，而波束扫描技术则通过聚焦波束来解决这一问题，从而实现更高的精度和准确性。波束扫描技术还可以在具有多种模式的复杂场景下实现高效的探测、搜索和跟踪。

3.3.2 阵列天线综合方法

（1）傅里叶级数法

如果要使天线产生指定形状的方向图，可采用傅里叶变换法来综合这个天线，得到其电流分布。阵列激励向量 $\{A_m\}$ 与阵因子 $AF(u)$ 之间满足傅里叶变换关系式。给定目标方向图 $AF(u)$，可通过快速傅里叶变换计算出阵列激励 $\{A_m\}$。同样，可利用傅里叶逆变换根据已知阵列激励快速计算出方向图。因此，利用 $FFT/IFFT$ 很容易实现阵列方向图或阵列激励系数的迭代递推。同理，通过不断调整目标方向图和阵列激励，$FFT/IFFT$ 可以实现低副瓣的稀疏阵列综合[7]。

一个长为 L 的线源沿 z 轴放置，右边则为直线阵列，如图 3-5 所示。

设线源上的电流分布为

$$I_1(z') = I(z')\,\mathrm{e}^{-\mathrm{j}k_z z'}, \quad -L/2 \leqslant z' \leqslant L/2 \quad (3-56)$$

式中，k_z 为线源相位常数，可得矢量位 $\boldsymbol{A}_z$ 大小为

$$A_z = \frac{\mu}{4\pi}\int_L I_1(z')\frac{\mathrm{e}^{-\mathrm{j}kR}}{R}\mathrm{d}z' = \frac{\mu\,\mathrm{e}^{-\mathrm{j}kr}}{4\pi r}\int_{-L/2}^{L/2} I(z')\,\mathrm{e}^{\mathrm{j}(k\sin\theta - k_z)z'}\mathrm{d}z' = \frac{\mu\,\mathrm{e}^{-\mathrm{j}kr}}{4\pi r}S(\theta) \quad (3-57)$$

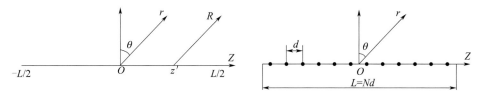

图 3－5　长为 L 的线源和直线阵列

式中，线源方向图函数为

$$S(\theta) = \int_{-L/2}^{L/2} I(z') \, \mathrm{e}^{\mathrm{j}(k\sin\theta - k_z)} \, \mathrm{d}z' = \int_{-L/2}^{L/2} I(z') \, \mathrm{e}^{\mathrm{j}\xi z'} \, \mathrm{d}z' \qquad (3-58)$$

其中，$\xi = k\sin\theta - k_z$。

设电流为均匀分布，$I(z') = I_0/L$，式（3－58）等价于

$$S(\theta) = I_0 \frac{\sin\left[\dfrac{kL}{2}\left(\sin\theta - \dfrac{k_z}{k}\right)\right]}{\dfrac{kL}{2}\left(\sin\theta - \dfrac{k_z}{k}\right)} = I_0 \frac{\sin\left(\dfrac{L}{2}\xi\right)}{\dfrac{L}{2}\xi} \qquad (3-59)$$

电流分布 $I(z')$ 只在 $-L/2 \leqslant z' \leqslant L/2$ 内定义，在此范围之外则为 0，所以，式（3－58）等价于

$$S(\theta) = S(\xi) = \int_{-\infty}^{\infty} I(z') \, \mathrm{e}^{\mathrm{j}\xi z'} \, \mathrm{d}z' \qquad (3-60)$$

此式为傅里叶变换式，与下式形成傅里叶变换对

$$I(z') = \frac{1}{2\pi} \int_{-\infty}^{\infty} S(\xi) \, \mathrm{e}^{-\mathrm{j}\xi z'} \, \mathrm{d}\xi = \frac{1}{2\pi} \int_{-\infty}^{\infty} S(\theta) \, \mathrm{e}^{-\mathrm{j}\xi z'} \, \mathrm{d}\xi \qquad (3-61)$$

式（3－60）与式（3－61）为傅里叶正负变换对，把线源的电流分布与其远场方向图联系了起来。然而，线源的长度有限，当计算式（3－60）时，必须在 $-L/2 \leqslant z' \leqslant L/2$ 内积分，计算（3－61）式时，必须在可见区 $0 \leqslant \xi \leqslant \pi$ 内积分。求得近似的电流分布为

$$I_a(z') = \begin{cases} I(z'), & -L/2 \leqslant z' \leqslant L/2 \\ 0, & \text{else} \end{cases} \qquad (3-62)$$

这个近似的电流分布产生近似的方向图 $S_a(\theta)$，即有

$$S(\theta) \approx S_a(\theta) = \int_{-L/2}^{L/2} I_a(z') \, \mathrm{e}^{\mathrm{j}\xi z'} \, \mathrm{d}z' \qquad (3-63)$$

间距为 d、单元数为 N 的直线阵沿 z 轴放置，如图 3-5 所示，通过分析，可以得到其阵因子。

奇数单元阵列（$N = 2M+1$）分析：

各单元位置为

$$z_m = md, \quad m = 0, \pm 1, \pm 2, \cdots, \pm M \qquad (3-64)$$

阵因子为

$$S_0(\theta) = S_0(u) = \sum_{m=-M}^{M} I_m \, \mathrm{e}^{\mathrm{j}mu} \qquad (3-65)$$

偶数单元阵列（$N = 2M$）分析：

各单元位置为

$$z_m = \begin{cases} (2m-1)d/2, & 1 \leqslant m \leqslant M \\ (2m+1)d/2, & -M \leqslant m \leqslant -1 \end{cases} \qquad (3-66)$$

阵因子为

$$S_0(\theta) = S_0(u) = \sum_{m=-M}^{-1} I_m \, \mathrm{e}^{\mathrm{j}[(2m+1)/2]u} + \sum_{m=1}^{M} I_m \, \mathrm{e}^{\mathrm{j}[(2m-1)/2]u} \qquad (3-67)$$

式中，$u = kd\sin\theta + \alpha$。

由于在式（3-66）中存在 $m=0$ 的项 I_0，它是平均值非零函数的傅里叶级数展开式中的直流项，所以可用奇数单元的阵列来实现全角域内平均值不为零的预期方向图。

不论是均匀直线阵还是幅度非均匀直线阵，其阵因子都是 u 的周期函数，且周期为 2π。于是，式（3-66）和式（3-67）表示的傅里叶级数 I_m 可分为奇数和偶数阵列表示如下：

奇数单元阵列

$$I_m = \frac{1}{2\pi} \int_{-\pi}^{\pi} S_0(u) \, \mathrm{e}^{-\mathrm{j}mu} \mathrm{d}u, \; -M \leqslant m \leqslant M \qquad (3-68)$$

偶数单元阵列

$$I_m = \begin{cases} \dfrac{1}{2\pi} \displaystyle\int_{-\pi}^{\pi} S_e(u) \, \mathrm{e}^{-\mathrm{j}(2m+1)u/2} \mathrm{d}u, & -M \leqslant m \leqslant -1 \\[4mm] \dfrac{1}{2\pi} \displaystyle\int_{-\pi}^{\pi} S_e(u) \, \mathrm{e}^{-\mathrm{j}(2m-1)u/2} \mathrm{d}u, & 1 \leqslant m \leqslant M \end{cases} \qquad (3-69)$$

若式中的 $S_0(u)$ 和 $S_e(u)$ 为预期的方向图，就可以由式（3-68）和式（3-69）来综合直线阵列各单元的激励分布 I_m。然后将得到的 I_m 代入式（3-65）和式（3-67），就可以获得阵列的方向图。

另外，傅里叶变换法的缺点是需要较多的展开项才能获得较好的近似，而且当方向图有不连续点时，计算上将发生困难。

（2）伍德沃德法

伍德沃德法是用于天线波束赋形的一种常用的方向图综合方法，是对所需方向图在不同离散角度处进行抽样来实现预期方向图。与各角度处抽样和建立联系的是谐波电流，谐波电流对应的场叫做构成函数。各谐波电流激励系数 a_m 等于所要求的方向图在对应抽样点上的幅度。谐波电流的有限项之和为源的总激励。构成函数的有限项之和为综合的方向图，其中每一项代表一个谐波电流产生的场。图 3-6 所示为阵因子相位变化示意图。

在均匀直线阵中，当各天线电流幅度相等、相位相同时，归一化阵因子可以表示为

$$AF_1 = \frac{\sin\left(\dfrac{n\beta d}{2}\sin\theta\right)}{\dfrac{n\beta d}{2}\sin\theta} \approx \frac{\sin u}{u} \qquad (3-70)$$

其中，$u = (\beta l/2)\sin\theta$。当各天线电流幅度相等、相位线性变化时，归一化阵因子可以表

示为

$$AF_2 = \frac{\sin(u-v)}{u-v} \tag{3-71}$$

其中，$v = n\alpha/2 = l\beta_1/2$，且 $\beta_1 = \alpha/d$ 为单位长度相位差。

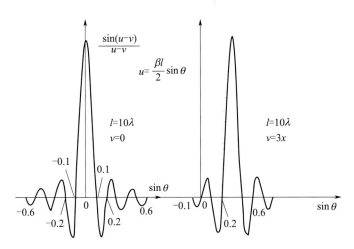

图 3-6　阵因子相位变化示意图

可见函数 $AF_1(\theta)$ 和 $AF_2(\theta)$ 形状相同，仅仅是平移了一段距离。在综合时可以在给定方向图上取一些点，这些点的场强分别用上述平移的方向图的主瓣来满足，如图 3-7～图 3-9 所示，由此构成的方向图阵因子为

$$AF = \sum_m C_m \frac{\sin(u-v_m)}{u-v_m} \tag{3-72}$$

其中，C_m 为方向图采样点处的幅度值；m 为采样点数。天线上的电流为

$$I_n = \frac{1}{N} \sum_{m=-M}^{M} C_m \, e^{-jkx_n \sin\theta_m} \tag{3-73}$$

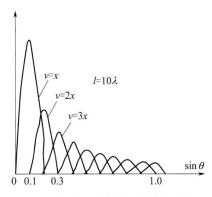

图 3-7　在某几点上满足给定的方向图

伍德沃德法的缺点是不能控制方向图非赋形区域的副瓣电平。

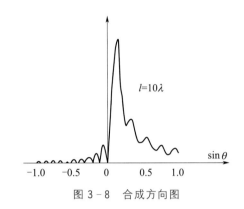

图 3-8 合成方向图

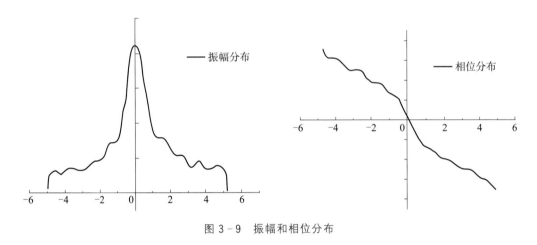

图 3-9 振幅和相位分布

3.3.3 阵列天线低副瓣赋形方法

（1）切比雪夫法

切比雪夫法是用一个单元数为 N 的直线阵列的阵因子方向图函数 S_u，来逼近一个 $N-1$ 阶的切比雪夫多项式 $T_{N-1}(x)$，在这里 $x=x_0\cos(u/2)$，$u=kd\sin\theta+\alpha$。切比雪夫多项式的变量区域 $[-1，x_1]$ 为阵列的等副瓣区域（其中 x_1 为紧靠 $x=1$ 的零点），变量区域 $[x_1，x_0]$ 为阵列的主瓣区域（当 $x_0>1$ 且满足 $R_0=T_{N-1}(x_0)$，R_0 为主副瓣比）。其综合过程是将阵列分为奇数阵列和偶数阵列，分别写出阵因子函数 $S_0(u)$ 和 $S_e(u)$ 并展开成只含 $\cos u$ 的形式，同时按照奇数和偶数阶，把切比雪夫多项式 $T_{2N+1}(u)$ 和 $T_{2N}(u)$ 也展开成只含 $\cos u$ 的形式，并令 $S_0(u)=T_{N-1}^e(u)$ 或 $S_e(u)=T_{N-1}^0(u)$，比较展开式系数即可得到直线阵列的激励幅度分布。

（2）泰勒分析法

泰勒分析法是首先构建出泰勒方向图函数 S_u，将其写作归一化和阶乘形式，并取 $u=m$ 为整数，得到可用的形式 $\overline{S}(m)$。然后对一个沿 z 轴放置的长为 L 的连续线源，假定其

上的电流 $I(z)$ 为对称分布，并展开成余弦傅里叶级数形式。由此，根据连续线源求得其矢量位 A_z，可得到连续线源的空间因子 $S(u)$，并利用其正交性可求得电流 $I(z)$ 傅里叶展开式中的系数 B_m，再代入 $I(z)$ 的展开式中，可得产生泰勒方向图的连续线源电流分布式。最后将此电流分布函数离散，可得到离散阵列的激励幅度分布式。

参 考 文 献

［1］ 谢处方，邱文杰. 天线原理与设计［M］. 西安：西北电讯工程学院出版社，1985：19-21.

［2］ 丁嫣然. 用于无线通信/雷达系统的多频共口径天线技术研究［D］. 成都：电子科技大学，2022：7-17.

［3］ 张锦帆. 毫米波多频段天线辐射口径高效复合理论与技术研究［D］. 成都：电子科技大学，2023：10-16.

［4］ D M Pozar. The active element pattern［J］. IEEE Transactions on Antennas and Propagation，1994，42（8）：1176-1178.

［5］ 约翰·克劳斯. 天线［M］. 3版. 章文勋，译. 北京：电子工业出版社，2017：63-69.

［6］ D M Pozar. Microwave and RF design of wireless systems［M］. John Wiley & Sons，2000.

［7］ 王建，郑一农. 阵列天线理论与工程应用［M］. 北京：电子工业出版社，2015：89-95.

第4章　相控阵总体设计

4.1　总体组成

卫通相控阵天线主要由接收天线阵面、发射天线阵面、接收合成网络、发射功分网络、上下变频单元、主控单元、组合惯导单元、电源供电单元、热控与结构、天线罩组成（图 4 - 1）[1]。

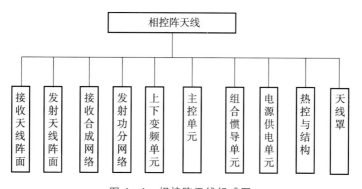

图 4 - 1　相控阵天线组成图

接收天线阵面：通过移相控制使得天线阵列合成波束指向来波方向，接收卫星通信下行电磁信号，通常由若干个标准子阵（通常 256、512 或 1 024）拼接而成，每个子阵可具有独立的波束控制能力。

发射天线阵面：通过移相控制使得天线阵列合成波束指向发射方向，辐射上行电磁信号，通常由若干个标准子阵（通常 256、512 或 1 024）拼接而成，每个子阵可具有独立的波束控制能力。

接收合成网络：把若干个接收标准子阵的输出进行合路，形成一个整体波束输出。

发射功分网络：把射频发射信号进行若干路功分，分别输出给若干个发射标准子阵，进而通过发射子阵形成一个波束进行辐射。

上下变频单元：用于将中频输入信号上变频为射频输出信号，同时将接收射频信号下变频为中频信号。

组合惯导单元：输出位置信息、姿态信息给跟踪控制单元。

主控单元：接收组合惯导单元输出的参数，结合当前卫星星历，解算当前相控阵波束指向，并将指向信息转化为各 T/R 组件的相位控制字进行下发；同时，对于终端相控阵而言，通常采用最大值跟踪算法实现波束指向自跟踪。

电源供电单元：将输入电压转化为内部电压，实现为整机各单元供电。

热控与结构：结构与热控通常采用一体化设计，通常采用强迫风冷或自然散热。

天线罩：提高透波性，保护天线阵面。

相控阵整机结构主要由天线罩、顶层（接收天线阵面、发射天线阵面、导航天线）、中间层（散热冷板、散热翅片和散热风机组成热控与结构主体）、底层（接收合成网络、发射功分网路、上下变频单元、主控单元、组合惯导单元、电源供电单元及底板结构）三层架构组成。整体结构以散热冷板为主框架，顶层的多层板的组件芯片整齐排布贴合在散热冷板的上表面便于热控，底层的各单元也贴合到散热冷板下表面便于热控。

图 4-3 所示为相控阵整机实物图。顶层主要包括发射 256 单元子阵、接收 256 单元子阵、隔离结构、导热垫。其中，发射整阵由 4 块子阵按 2×2 排列组成，接收整阵由 6 块子阵按 2×3 排列组成。中间层主要是散热冷板、散热翅片和风机组成的热控系统。其中，散热冷板和散热翅片组成的散热结构是整机的承载结构，各分系统均与其进行安装。在散热过程时，芯片的热量通过导热垫传递至散热冷板上，散热冷板通过对热量的扩散将其传递至散热翅片上，再通过风冷强迫对流方式，将热量带出传至外界环境中。

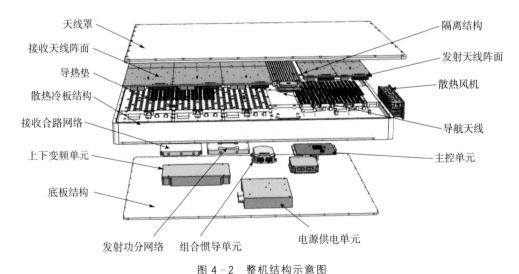

图 4-2　整机结构示意图

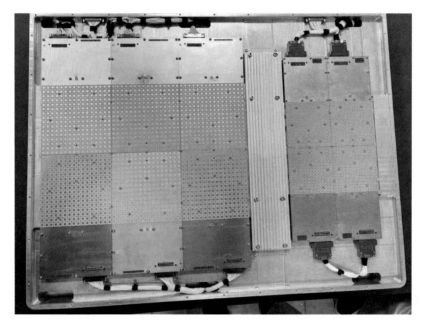

图 4-3　整机实物图

4.2　工作流程

相控阵天线的接收阵面和发射阵面通常由若干接收子阵和发射子阵拼接组成，子阵规模通常选择 256、512 或 1 024 阵元。对于接收信号链路，若干个接收子阵的输出通过接收功率合成模块合成一路，形成接收波束输出信号。对于发射信号链路，发射波束输入信号通过功率分配模块形成若干等幅同相信号，分别输出给发射子阵，从而形成空间合成辐射信号。

为了简化互连集成，子阵的波控和电源模块通常与子阵进行一体化集成，这样省去与各组件芯片之间的互连线缆与接插件。主控单元通常采用串口形式与各子阵进行互连，通常主控单元负责计算相控阵坐标系中的波束指向的方位和俯仰值并下发给各子阵中的子波控，各子波控将指向转化为各芯片通道的幅度相位控制字并下发给各通道；同时，各子阵也通过子波控向主控单元上报子阵温度、电流等状态监控信息。图 4-4 所示为天线工作原理框图。

主控单元通常具有动态跟踪、指向计算、状态监测和程序更新等功能。动态跟踪通常采用圆锥扫描或单脉冲跟踪，其中，圆锥扫描通过扫描跟踪最大值实现自跟踪，而单脉冲跟踪需要相控阵形成和差波束构建自跟踪环路。指向计算是指主控单元实时接收组合惯导的位置和姿态信息，结合星历信息通过坐标系变换解算出在相控阵坐标系中的波束指向。状态监测是指主控单元对各子阵的上报状态参量进行监测，并进行故障报警。程序更新是指主控单元支持程序在线更新。

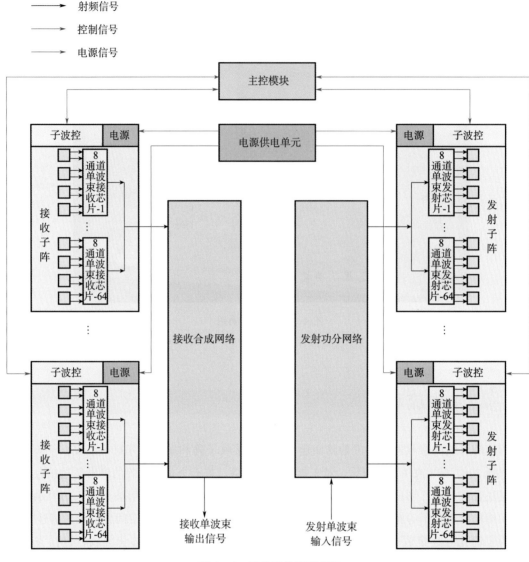

图 4-4 天线工作原理框图

4.3 关键指标

4.3.1 天线增益

天线增益 G 可以表达为式（4-1），其中 A_e 为天线辐射等效面积，λ 为天线工作波段。对于相控阵而言，A_e 与相控阵某辐射角度的投影面积成正比。具体而言，当波束指向法向时 A_e 最大，对应的增益 G 最大；当指向逐渐偏离法向时，投影面积 A_e 减少，因此增益 G

随之降低。这也就解释了为何相控阵低仰角扫描增益降低。

$$G = \frac{4\pi A_e}{\lambda^2} \qquad (4-1)$$

进一步，如图 4-5 所示，相控阵天线的增益 G 等于天线单元方向图 G_E 与相控阵阵因子 G_A 之和（以 dB 为单位），即

$$G(\theta) = G_E(\theta) + G_A(\theta) \qquad (4-2)$$

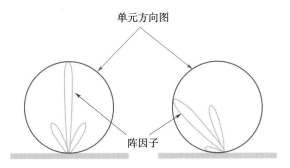

图 4-5　单元方向图与阵因子示意图

对于阵因子式（3-18）进行简化，可以推导出 $G_A(\theta) = 10\lg(M \times N)$，其中 $M \times N$ 为相控阵阵元数量，则代入式（4-2），可得

$$G(\theta) = G_E(\theta) + 10\lg(M \times N) \qquad (4-3)$$

4.3.2　波束宽度

对于均匀孔径辐射，相控阵天线的波束宽度可以表达为下式[3]

$$\theta_{BW} = \frac{k\lambda}{L \cos\theta_0} \qquad (4-4)$$

其中，$L = Md$，代表相控阵天线的孔径尺寸。该式对于移相器控制和时延控制两种情况都是适用的，由上式可知，波束宽度反比于工作频率、孔径尺寸和扫描角的余弦值。k 为波束宽度系数，随孔径分布不同而变化。例如，对于均匀辐射的相控阵天线的 3 dB 波束宽度，$k = 0.886$。

4.3.3　瞬时带宽

对于采用移相器的相控阵，瞬时带宽（IBW）是关键指标。这种相控阵通过对每个阵元上的移相器进行移相相位设置控制扫描波束指向。假定移相器的相位具有随频率恒定的特性，在中心频率处阵因子得到最大值，而偏离中心频率的阵因子不再有最大值，在要求的扫描角度处存在方向图增益损失。这种现象通常称为波束倾斜（Beam Squint）。

IBW 定义为增益损失可以接受的频率范围，通常为 3 dB 或 4 dB 瞬时带宽。IBW 可以由阵因子的表达式推导出，如下所示[3]

$$\text{IBW} = \frac{kc}{L \sin\theta_0} \qquad (4-5)$$

其中，k 为波束宽度系数，是孔径分布的函数。值得注意的是，时延控制的相控阵不存在波束倾斜现象，适用于大瞬时带宽和大规模阵列应用，避免了使用相位延迟控制带来的瞬时带宽受限问题。然而时延器件通常较为昂贵，大规模阵列可以采取折中解决方案，即子阵采用相位控制，子阵之间采用时延控制。

4.3.4 EIRP

等效全向辐射功率 EIRP（Equivalent Isotropically Radiated Power）表征发射系统在某个方向上的辐射功率。无线通信系统中，发射机输出的射频信号通过馈线输送到天线，由天线以电磁波形式辐射出去。由于无线系统中的电磁波能量是由发射设备的发射能量和天线的放大叠加作用产生，因此计算等效辐射功率时用 dBW 和 dBm 为量纲比较普遍，等效辐射功率的计算公式为[4]

$$EIRP = P_t - L_f + G_t \tag{4-6}$$

其中，P_t 为总发射功率；L_f 为发射组件到天线馈线损耗；G_t 为发射相控阵总增益。假定发射相控阵阵元数量为 N，单元方向图增益为 G_e，单元方向图每通道输出功率为 P_e，则 $P_t = 10\lg N + P_e$，$G_t = 10\lg N + G_e$，代入式（4-6）可得

$$EIRP = 20\lg N + G_e + P_e - L_f \tag{4-7}$$

若单元天线 60° 增益为 0 dBi，天线与发射芯片间线损约 0.5 dB，末级功率放大芯片输出功率为 12 dBm，总阵元数为 1 024 个，则可以评估整阵扫描 60° 的 EIRP 为

$$EIRP = 20\lg 1\,024 + 0 + 12 - 0.5 = 71.7 \text{ dBm} = 41.7 \text{ dBW} \tag{4-8}$$

4.3.5 G/T

G/T 值是相控阵接收系统的关键系统指标，是指天线增益与噪声温度值的比值，用于衡量天线在噪声温度下的接收能力。假定天线增益为 G，接收系统噪声温度为 T_{sys}，则系统 G/T 值可表示为

$$G/T = G - 10\lg T_{\text{sys}} \tag{4-9}$$

由上式可知，提高 G/T 值可以通过提高天线阵列增益，也可以通过降低系统接收噪声温度。事实上，天线的噪声主要来源于两部分，一部分是天线自身产生的附加噪声，另一部分是接收到的外部噪声。接收相控阵的系统噪声温度如下

$$T_{\text{sys}} = T_A + (L-1) T_{LP} + L \cdot T_R \tag{4-10}$$

其中，T_A 为天线指向噪声温度；T_{LP} 为传输线物理温度；L 为馈线损耗；T_R 为接收机噪声温度。假定接收相控阵天线扫描 60° 单元等效增益为 0 dBi，接收阵列单元数为 6 144，天线波束指向天空的噪声温度 $T_A = 150$ K，$T_{LP} = 290$ K，天线与低噪放之间的连接损耗 $L = 0.5$ dB（对应绝对值 1.122），接收噪声系数为 2.5 dB（对应 $T_R = 225.7$ K），则分别代入式（4-3）与式（4-10）得

$$G = 0 + 10 \times \lg(6\,144) = 37.88 \text{ dB}$$

$$T_{\text{sys}} = 150 + (1.122 - 1) \times 290 + 1.122 \times 225.7 = 438.6 \text{ K}$$

则可得出对应 G/T 值为

$$G/T = 37.88 - 10\lg T_{sys} = 37.88 - 26.42 = 11.46 \text{ dB/K}$$

从上面的计算可以看出，通过降低馈线损耗和接收低噪声放大器噪声系数，减小系统噪声温度，可以进一步提升接收系统 G/T 值。

4.3.6 扫描范围

天线布局采用矩形栅格布阵，为保证天线扫描范围内不出现栅瓣，天线阵元间距 $\mathrm{d}x$、$\mathrm{d}y$ 须满足下式

$$\mathrm{d}x \leqslant \frac{\lambda_{\min}}{1 + |\sin\theta_m|} \,,\, \mathrm{d}y \leqslant \frac{\lambda_{\min}}{1 + |\sin\theta_m|} \qquad (4-11)$$

式中，$\mathrm{d}x$ 为相控阵 x 方向阵元间距；$\mathrm{d}y$ 为相控阵 y 方向阵元间距；θ_m 为波束扫描角；$\lambda_{\min}$ 为天线带内最小工作波长。

例如，某 Ka 频段发射相控阵天线采用矩形栅格布阵，最高工作频率为 30 GHz，最大扫描角为 60°，则根据式（4-11）可知，$\mathrm{d}x$ 与 $\mathrm{d}y$ 应当满足：$\mathrm{d}x \leqslant 5.36$ mm，$\mathrm{d}y \leqslant 5.36$ mm，综合考虑天线效率和工程可实现性，可选取 $\mathrm{d}x = 5.1$ mm、$\mathrm{d}y = 5.1$ mm，波束扫描不出现栅瓣，满足系统指标要求。

除了矩形栅格布阵以外，常见的布阵方式还有三角形栅格布阵，这种排列情况下，为了保证天线扫描范围内不出现栅瓣，天线阵元间距 $\mathrm{d}x$、$\mathrm{d}y$ 须满足

$$\mathrm{d}x \leqslant \frac{\lambda_{\min}}{\sin\beta(1 + |\sin\theta_m|)} \,, \mathrm{d}y \leqslant \frac{\lambda_{\min}}{2\cos\beta(1 + |\sin\theta_m|)} \qquad (4-12)$$

式中，β 为三角布阵等腰三角形的腰与 x 轴夹角；$\mathrm{d}x$ 为相控阵 x 方向阵元间距；$\mathrm{d}y$ 为相控阵 y 方向阵元间距；θ_m 为波束扫描角；$\lambda_{\min}$ 为天线带内最小工作波长。

例如，某 K 频段接收相控阵天线采用 $\beta = 60°$ 的等腰三角形栅格布阵，最高工作频率为 20 GHz，最大扫描角为 60°，则根据式（4-12）可知，$\mathrm{d}x$ 与 $\mathrm{d}y$ 应当满足：$\mathrm{d}x \leqslant 9.3$ mm，$\mathrm{d}y \leqslant 8.0$ mm，综合考虑天线效率和工程可实现性，选取 $\mathrm{d}x = 9.0$ mm、$\mathrm{d}y = 7.8$ mm，波束扫描不出现栅瓣，满足系统指标要求。

4.3.7 极化

天线极化是描述天线辐射电磁波矢量空间指向的参数。由于电场与磁场有恒定的关系，故一般都以电场矢量的空间指向作为天线辐射电磁波的极化方向。卫星通信系统对上下行链路均有明确的极化定义。一般而言，国内 Ku 频段多为线极化，Ka 频段多为圆极化，通常上下行分别采用不同极化形式。事实上，相控阵极化要求直接影响到相控阵设计的复杂度，比如，双极化意味着通道数量加倍，同时高极化隔离度和有限空间布局都会增加设计的难度。

图 4-6 给出了 4 个圆极化天线单元与 8 通道多功能接收芯片连接示意图，图 4-7 给出了 8 通道多功能接收芯片内部电路互连示意图。其中，每个天线阵元通过电桥设计输出

左旋和右旋两个馈点，4 个天线阵元的四个左旋馈点和四个右旋馈点连接到一个 8 通道多功能芯片输入端口[5]。当切换至左旋圆极化时，则关闭右旋圆极化对应通道开关；反之亦然。

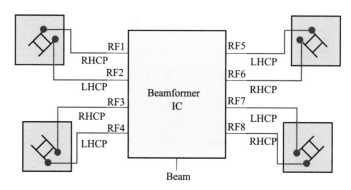

图 4-6　4 个圆极化天线单元与 8 通道多功能接收芯片连接示意图

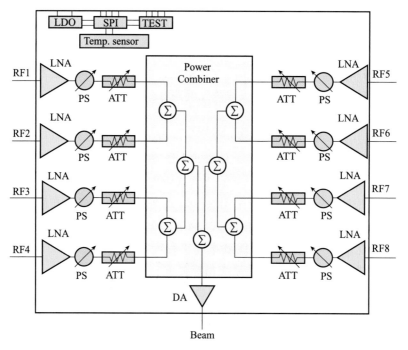

图 4-7　8 通道多功能接收芯片内部电路互连示意图

4.3.8　轴比

在圆极化天线设计中，轴比是衡量天线圆极化程度的一个重要指标。无线电波在空间中传播时，其瞬时电场矢量的端点轨迹形成一个椭圆，将该极化椭圆的长轴与短轴之比称为轴比（Axial Ratio），轴比 r 的取值范围为 $1 \leqslant r < \infty$，工程上常用分贝表示

$$AR = 20\lg(r) \tag{4-13}$$

当 $AR = 0$ dB 时，为圆极化；$AR = \infty$ 时，为线极化。轴比代表了天线圆极化的纯度，圆极化天线设计一般要求在方向图主瓣宽度范围内 $AR \leqslant (3 \sim 6)$ dB。

相控阵天线一般法向轴比较好，当波束扫描角增加时，天线的交叉极化会增大，造成阵列的轴比逐渐恶化。为了改善相控阵的轴比特性，可以采用多种途径来进行优化，包括选用圆极化特性更好的单元、增大基板的厚度来增加轴比带宽、采用二次圆极化设计来改善轴比、修正阵元激励来改善交叉极化等。

图 4-8 展示了一种采用二次圆极化设计的左旋圆极化天线模型，可以看出，图中的 4 个单元通过依次进行 90°旋转组成了一个小规模 2×2 阵列。在实际工作时，可以分别提供 0°、90°、180°、270°的相位以形成左旋圆极化。

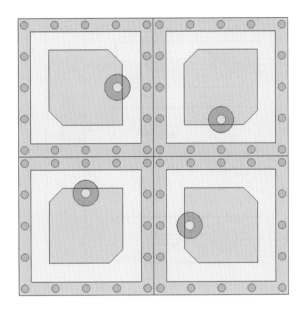

图 4-8　典型二次圆极化天线设计模型示意图

4.4　电路架构

相控阵天线通常有三种典型架构：模拟相控阵、数字相控阵、模数混合相控阵。总体而言，不管哪种架构都是利用了幅度相位叠加合成的原理，从而控制波束指向和形状。相控阵系统设计师面临的挑战是，如何结合实际应用需求权衡功耗、成本、复杂度与灵活度，从而选择合适的架构。下文分别对三种架构进行介绍，事实上三种架构具有各自的优势和不足。对于通常采用 Ku 和 Ka 频段的大规模卫通相控阵，模拟相控阵是最常用的技术架构。

4.4.1 模拟相控阵架构

图4-9给出了典型的模拟接收相控阵架构。电磁信号由天线阵元接收后，先后经过低噪声放大、射频移相、射频衰减以及合路，输出给变频与基带处理系统。波束控制器是模拟相控阵的关键组成，通过将要求的波束指向（方位、俯仰）解算为每路通道的移相和衰减控制字，然后通过如SPI串口下发送给每路通道的移相器和衰减器，从而实时控制在要求指向上输出波束合成最大值。

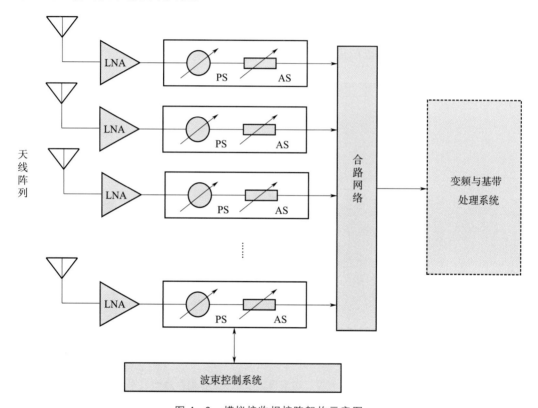

图4-9 模拟接收相控阵架构示意图

基于模拟相控阵架构实现多波束，需要根据波束数量在低噪声放大器后面进行功分，如需要产生N个波束，则低噪声放大器后面需要连接一分N功分器和N路移相器和衰减器。图4-10给出了典型的模拟四波束接收相控阵架构。天线阵元和低噪声放大器对应的每个通道取一路移相和衰减输出到N合一合路器，形成一个波束形成网络，用于形成并独立控制一个波束。因此，对于模拟架构，四波束相控阵相对于单波束相控阵线性地增加了移相器、衰减器和合路网络的数量。模拟多波束相控阵通过硬件电路实现多波束网络，对于大规模阵列而言，与数字多波束相控阵相比，在波束数量较少的情况下（如不超过8波束）具有功耗、成本、体积布局优势；其不足是一旦硬件实现固化，难以原位灵活扩展波束。

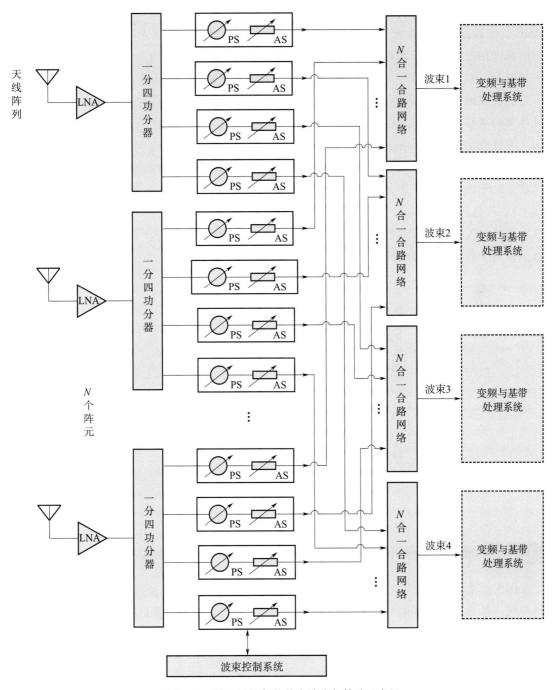

图 4-10　基于模拟架构的多波束相控阵示意图

4.4.2　数字相控阵架构

图 4-11 给出了典型的数字接收相控阵架构。电磁信号由天线阵元接收后，先后经过低噪声放大、下变频器、模数转换（ADC），转化为数字信号后传输给数字波束处理单元

（如 FPGA、DSP 处理器）。其中，ADC 器件的采样带宽决定了接收处理的最大带宽，ADC 的位数很大程度决定了接收通道的动态范围。与模拟相控阵不同，数字相控阵各通道的幅度相位加权赋形网路是在数字域实现的，因此具有灵活重构的优势。在不改变硬件的情况下，数字相控阵可以在数字域实现多波束网络，从而实现多个波束的同时形成；其可形成波束的数量具体受限于处理器的资源（如乘法器数量）。同时，数字相控阵在相同硬件架构下易于集成波束空域自适应调零能力，实现自适应抗干扰。

尽管数字相控阵具有灵活配置扩展的优势，但通常是以增加成本和功耗为代价的。由于每个天线阵元通道都需要配置变频器和 ADC，器件数量的增加会显著提高功耗和成本，尤其是对于大型阵列。因此，数字相控阵架构通常用于要求生成波束数量较多（如 16 个以上）、阵元规模不是很多（如小于数千个）且阵元间距较大的应用场景。卫星通信 Ka 频段大规模相控阵由于阵列规模通常较大，且阵元间距较小（数毫米），导致布局空间受限，较少采用全数字相控阵架构。

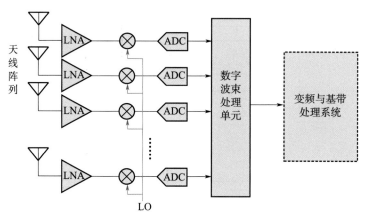

图 4-11　数字接收相控阵架构示意图

4.4.3　模数混合相控阵架构

图 4-12 给出了典型的模数混合接收相控阵架构。这种架构是将模拟架构的高集成、低功耗、低成本和数字架构的配置灵活性的优势进行充分的结合和折中。模数混合接收相控阵具体实现的方法是：将大规模阵列划分为较小的子阵，每个子阵内部采用模拟波束成形设计，生成相对较宽的低增益波束；每个子阵输出连接由下变频、ADC 等构成的数字通道，多个子阵之间的合成网路在数字处理器中实现，生成对应于阵列全孔径的高增益窄波束。

该架构与全数字波束成形（DBF）相比，使用的混频器和 ADC 的数量等于子阵的数量，同时数字处理的负载也成比例减少，因此系统成本和功耗显著降低。与全 DBF 相比，这种架构的一个限制是所有数字波束都将约束在子阵方向图的视场内。尽管子阵模拟波束也可以进行控制，但某时刻的模拟波束宽度会限制最终波束的指向。

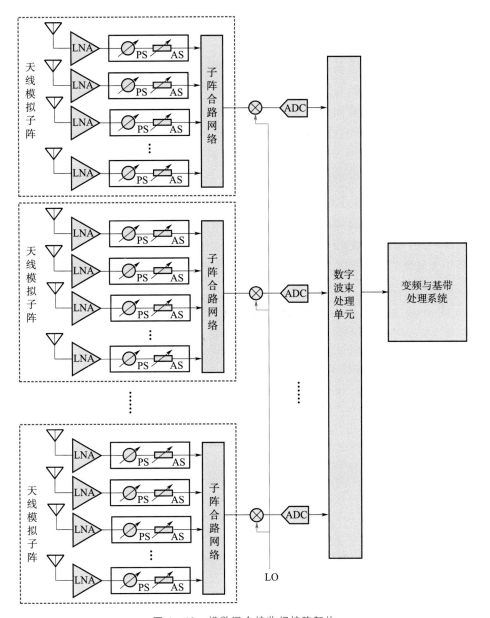

图 4 – 12 模数混合接收相控阵架构

4.5 结构架构

目前，相控阵常用的结构架构形式分为"砖块式"结构、"瓦片式"结构及"砖瓦混合"结构 3 种[6]。卫星通信相控阵早期由于多使用Ⅲ-Ⅴ族化合物分立裸芯片，通常采用基于微组装工艺的砖式架构；近年，受益于硅基多功能芯片的技术进步，逐渐发展为以 PCB 瓦式集成为主。

4.5.1 砖式结构

砖式架构是传统相控阵最常用的结构形式，采用基于砖块式结构的射频收发组件，其组件内部的元器件布置方向与天线阵面的方向是垂直的，通常采用微组装工艺。它在整机上的结构特点是纵向集成横向组装（LITA）。射频组件内部合成网络用于实现组件线阵的互连合成，射频组件之间的合成通过与水平向合路网络对接实现。砖式架构的天线阵列通常采用盲插接插件（如 SMP）或探针实现与组件的垂直对接互连。

砖式组件利用垂直高度的空间进行器件的布局。然而，阵元间距随着频率增加而减少，特别是在 Ka 频段典型半波长间距仅为 5 mm（30 GHz），这使得一方面组件内部通道布局空间严重受限，另一方面组件厚度方向设计难度更高。整体而言，砖式架构技术工艺成熟，应用广泛；但集成度相对较低，采用的互连接插件多，纵向尺寸大，难以实现低剖面，不利于大规模阵列共形布局。图 4‑13 所示为砖式天线结构；图 4‑14 所示为砖式相控阵天线射频组件结构。

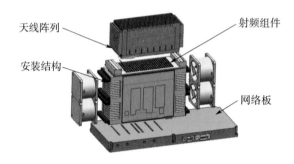

图 4‑13　砖式天线结构

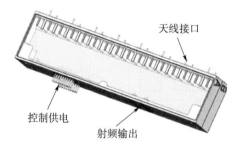

图 4‑14　砖式相控阵天线射频组件结构

4.5.2 瓦式结构

瓦式相控阵架构是近年卫星通信相控阵采用的主流架构，其元器件放置方向平行于相控阵天线阵面孔径，整阵采用横向集成纵向组装（TILA）的方式，典型瓦式天线结构如图 4‑15 所示。图 4‑16 所示为瓦式天线结构架构图。天线和组件一体化集成背靠背设计，天线印制在多层混压 PCB 板的顶层，组件采用多通道多功能芯片实现，焊接在多层混压板的底层。低频控制线、供电网络和射频波束形成网络集成在多层混压 PCB 板当中，通过多层混压 PCB 板内部走线实现。通过混压板层与层之间的金属化过孔实现单元天线和组件芯片、组件芯片和各种网络的垂直互连；组件芯片为硅基或其他半导体工艺的多通道多功能芯片，集成了多路放大器、移相器、衰减器等有源器件，同时片内还集成了芯片级波束合成网络[7]。

图 4 - 15 瓦式天线结构

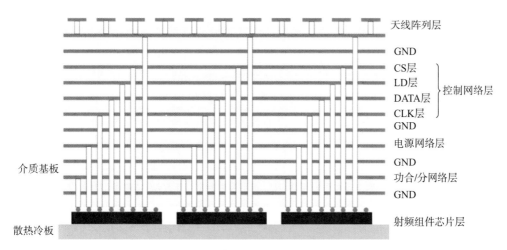

图 4 - 16 瓦式天线结构架构图

4.5.3　砖瓦混合结构

砖瓦混合结构的顶部和底部为瓦片结构，中间射频组件为砖式结构，既可以有效减低阵列高度，又可以满足功耗较大的高密度集成相控阵天线（图 4‐17）。T/R 组件集成一维方向的馈电网络，T/R 组件阵列位于整机结构内。砖瓦混合结构的顶部为相控阵天线阵列与射频前端层（集成功率放大器或低噪声放大器），通过小型化盲插接插件或探针垂直互连。砖瓦混合结构的底部为射频合成网络层、波束控制单元、供电单元，分别与砖式组件实现垂直射频对插、控制接口互连和电源接口互连。

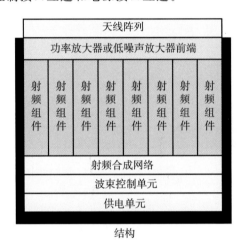

结构

图 4‐17　砖瓦混合相控阵结构图

4.6　热控设计

有源射频器件是有源相控阵天线的核心组成部分。特别是大规模多波束相控阵的芯片数量通常达到数百或数千片，必然产生大量的热量；且有源相控阵天线单元间距接近半波长，硅基多功能芯片集成度高、尺寸小（典型 $10 \sim 40 \ mm^2$），热流密度较高。因此，如何进行热控设计是系统设计师面临的重要挑战，一方面使得芯片连续工作在稳定温度环境下，保持较高的幅度相位稳定性；另一方面最大限度满足整阵的均温性要求，使得各通道保持较高的相对幅度相位一致性。

卫通相控阵天线的热控方法主要包括自然冷却、强迫冷却（风冷和液冷）、热管散热、相变冷却、微通道等[8]。在实际工程应用中，选择哪种冷却方法取决于天线的热耗功率及热流密度；通常按热流密度（单位 W/cm^2）来确定，当天线阵面热流密度超过 $0.045 \ W/cm^2$ 时，就必须采用强迫冷却进行散热[9]。

4.6.1　自然散热

自然散热是依靠整机自身的结构热容和热对流实现热平衡，主要适用于整机功耗不大且热流密度不高的情况，如 Starlink 终端相控阵和 Intellian 相控阵均采用了自然散热（图 4-18）。热控设计师在进行设计时，首先要与电路设计师协同设计，从根源上尽可能减少内部产生的热量；其次，要降低传输热阻，使得热量高效地传递到散热表面，比如在散热器件表面通过增加导热胶垫改善与导热结构的接触性能；再者，在总体尺寸允许的前提下，充分利用结构空间增大表面有效散热面积，如采用散热齿结构增大散热面积。

散热结构通常采用导热性能较好的硬铝合金材料，外观采用原色或白色，降低材料吸热能力，导热齿方向保持一致，且中间未有阻隔，便于提高通风散热效果。自然散热通常用于小功率电子模块散热，一般在热流密度 0.045 W/cm^2 以下的情况使用[9]。

散热齿

图 4-18　OW1 相控阵天线终端自然散热

4.6.2　强迫风冷

强迫风冷与自然冷却均是依靠空气流动带走有源器件产生的热量，不同在于强迫风冷需要采用外界的额外动力如轴流风扇等方式加速空气流动，达到散热目的（图 4-19）。强迫风冷通常适用于整机功耗较大或热流密度较高的情况，通常当组件热流密度在 $0.04 \sim 0.4 \text{ W/cm}^2$ 之间时，考虑使用风冷[9]。

对于强迫风冷散热设计，一方面需要进一步增强导热能力，如采用内埋热管的散热冷板或均温性更好的均热板，利用热管或均热板的高导热性能，将有源器件产生的热量快速地转移到散热区域；另一方面，散热区域通常将散热翅片与风冷风扇进行一体化集成设计，通过高速风冷能够进一步增强翅片散热交换能力。

风机　均热板

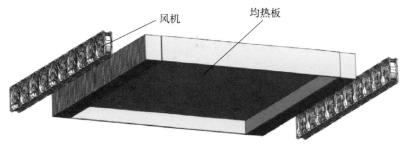

图 4-19　均热板结合风扇散热

4.6.3 强迫液冷

强迫液冷即使用液体对发热器件进行散热，液体冷却工质的传热系数是空气传热系数的 20 倍以上，因此强迫液冷常用于大热流密度或大功耗系统的情况。强迫液冷的优点是散热效率高、阵面均温性好，但在设计及使用过程中，需考虑液压泵压力和管网可靠性的问题。

强迫冷却可以分为直接液冷和使用冷板的间接液冷。直接液冷是通过绝缘性液体将待冷却器件直接浸泡其中，搭配冷凝器使用或采用射流冲击、喷淋等方式。卫通相控阵天线采用的是间接液冷，将发热器件热量热传导至液体流动区（通常为冷板），冷板再将热量传递至流体，再通过流体带走。一般当热流密度高于 5 W/cm² 时考虑采用强迫液冷[9]。图 4-20 所示为车载相控阵阵面液冷系统。

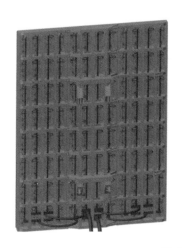
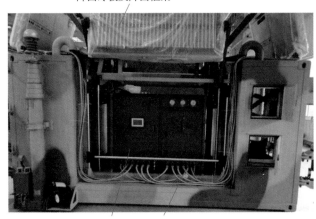

阵面冷板及阵面框架

液冷源　　供回液管路

图 4-20　车载相控阵阵面液冷系统

随着卫通相控阵天线的小型化和高集成化发展，微通道液冷逐渐显现其优势。微通道技术是在液冷的基础上随着微加工技术发展起来的一种新型散热技术，通过与通道壁面对流换热，从而将热量带走实现冷却。该方法通过将流动通道加工成深窄通道形式，一方面增大传热面积，另一方面减小了通道水力直径，提高了表面换热系数，因此微通道技术具有快速冷却的能力。如图 4-21 所示，相控阵天线采用概念蛛网阵面微通道散热结构[10]，将 32 个芯片分为 4 个散热区域，只在芯片正下方设计微通道，且每个区域内的微通道均为等间距排列，其流通路径是：冷却液自右下侧的进口端流入，然后顺序进入 4 个概念蛛网区域分别进行冷却，从出口端流出。通常当热流密度高于 100 W/cm² 时考虑采用微通道液冷技术[9]。

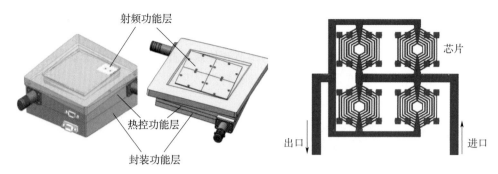

图 4－21　概念蛛网阵面微通道散热结构[3]

4.6.4　热管散热

热管散热的原理是基于不断相变的循环过程传递热量，主要由蒸发段、绝缘段以及冷凝段构成。其中，蒸发段是冷却工质吸收热量由液态变为气态的过程，冷凝段是排除热量由气体转变液体的过程，在热管结构中包含了毛细作用原理。在实际应用中，大部分情况都是将多种散热方式组合使用以实现更高效的散热。比如热管＋肋片散热、热管＋风冷散热、热管＋冷板散热、风冷＋肋片散热等。图 4－22 和图 4－23 分别为脉动热管和环路热管。

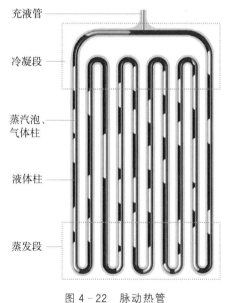

图 4－22　脉动热管

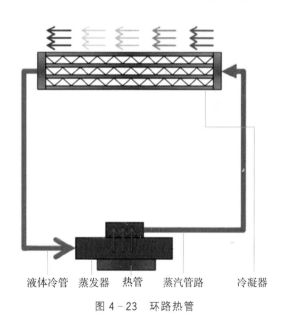

图 4－23　环路热管

4.6.5　相变冷却

当天线阵面的热流密度无法用液冷散热（如在无法与空气对流交换的受限空间），这时就需要考虑相变冷却方式。相变冷却通过材料相变可以传递较大的相变热，具有高换热系数，是一种高效的冷却方式。相变冷板是在热沉中填充相变材料，利用较高的相变潜热进行储能和控温的结构。在芯片等热源工作时，释放出材料中存储的能量，在材料周围形成温度缓慢改变的微气候，从而实现温度的调节和控制，此过程可逆。图 4 - 24 所示为真空钎焊翅片式结构；图 4 - 25 所示为相变冷却材料。

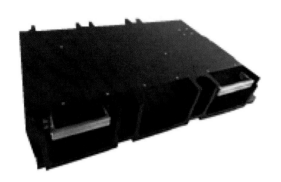

图 4 - 24　真空钎焊翅片式结构

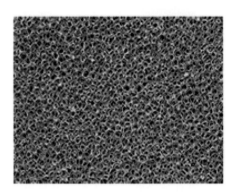

图 4 - 25　相变冷却材料

参 考 文 献

［1］ 金世超，吴冰，崔喆，等 . Ka 频段低轨卫星通信相控阵天线 ［C］. 2021 年全国天线年会论文集，2021：619 - 621.

［2］ Shi Chao Jin，Sheng Hui Zhang，Feng Gao，et al. High Integration Ka - band Multi - beam Antenna for LEO Communication Satellite ［C］. 2022 IEEE MTT - S International Microwave Workshop Series on Advanced Materials and Processes for RF and THz Applications，1 - 3.

［3］ Arik D Brown. Active Electronically Scanned Arrays：Fundamentals and Applications ［M］. New Jersey：John Wiley & Sons，Inc. ，2022.

［4］ 罗煊 . 低成本毫米波相控阵关键技术研究 ［D］. 成都：电子科技大学，2021.

［5］ Feng Gao，Yuqian Yang，Shichao Jin，et al. A 512 - Element K - Band Receive Phased Array with Dual - Circularly - Polarization for SATCOM Application ［C］. 2023 IEEE MTT - S International Microwave Workshop Series on Advanced Materials and Processes for RF and THz Applications （IMWS - AMP），1 - 3.

［6］ 于立，雷柳洁，张凯，等 . 低轨星座多波束相控阵天线研究进展与发展趋势 ［J］. 空间电子技术，2022，19 （6）：01 - 11.

［7］ Shi Chao Jin，Dun Ge Liu，Chen Yu Mei，et al. A Scalable K - Band 256 - Element Receive Dual - Circularly - Polarized Planar Phased Array for SATCOM Application ［C］. 2022 International Symposium on Networks，Computers and Communications （ISNCC），1 - 3.

［8］ 何立臣，洪元，杨立明，迟百宏 . 有源相控阵雷达天线冷却技术研究进展 ［J］. 航天器环境工程，2022，39 （3）：316 - 325.

［9］ 潘雨 . 相控阵天线冷板热仿真与热设计 ［D］. 成都：电子科技大学，2016.

［10］ 谭慧 . 相控阵天线冷却微通道拓扑结构及传热特性研究 ［D］. 成都：电子科技大学，2020.

第5章 阵元与阵列优化

5.1 分离口径天线阵列设计

卫星通信相控阵需要具备接收和发射信号的能力，即一整套卫星通信相控阵要求有两副天线分别用于接收和发射，可以将接收和发射两副天线口径分离，分别满足卫星通信上下行链路要求。

卫星通信中为了提高通信的抗干扰能力，保证其信号传输稳定性，天线极化一般采用圆极化。实现圆极化要满足以下条件：1）两个电磁波的电场矢量要满足在空间上相互垂直；2）两个电磁场的矢量相位差为 $90°$；3）两个电磁场的电场矢量幅度相等。满足以上三个条件的圆极化方程表示为[1]

$$E_{1t} = E_x \sin(\omega t) = E \sin(\omega t)$$

$$E_{2t} = E_y \sin(\omega t \pm 90°) = \pm E_y \cos(\omega t) = \pm E \cos(\omega t)$$

(5-1)

圆极化电场矢量的幅值如下

$$E_\Sigma = \sqrt{E_{1t}^2 + E_{2t}^2} = \sqrt{E^2 \sin^2(\omega t) + E^2 \cos^2(\omega t)} = E$$

(5-2)

5.1.1 单馈点圆极化天线阵列

微带天线因为其具有剖面低、体积小、重量轻、易于集成、便于获得圆极化等特点，广泛应用于相控阵[2-5]。

以矩形微带天线为例，根据矩形微带天线的腔模理论可知，微带天线的 TM_{01} 模和 TM_{10} 模在天线法向形成互相垂直的电场分量。当微带天线馈电位置和尺寸大小选择正确时，可以使两个模分量大小相等、相位相差 $90°$，从而产生圆极化。

实际上，实现圆极化辐射的贴片形式不只限于矩形贴片。只要在贴片上能激励出极化正交且两者相位差为 $90°$ 的电场，便能形成圆极化。对矩形贴片和圆形贴片单馈点形成圆

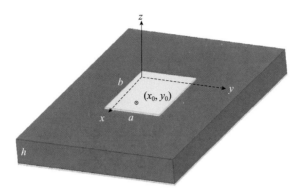

图 5-1　矩形贴片模型

极化进行归类，如图 5-2 所示，其中 A 型为馈电点在矩形贴片对角线上，B 型为馈电点在矩形贴片 x 或 y 轴上，C 型为圆形贴片天线。无论哪种形式的贴片都可通过引入微扰来满足圆极化所需要的条件。

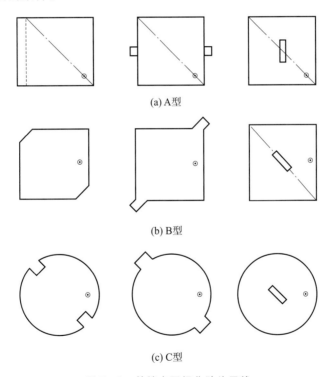

(a) A 型

(b) B 型

(c) C 型

图 5-2　单馈点圆极化贴片天线

5.1.2　双馈点圆极化天线阵列

双馈点实现圆极化依赖在辐射单元上利用两个馈电点来激励一对极化正交的简并模[6-7]，并且两个馈电振幅相等，相位差保持 90°，如图 5-3 所示。

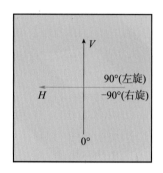

图 5-3 双馈点圆极化

等幅且相位差为 90°的单元激励，可以通过两个馈电点后端直接连接芯片的输出端口实现；也可以通过后端设计馈电网络实现（如设计等分功分器，使两支路间存在四分之一波长的路程差，或者设计 3 dB 电桥，两馈电点直接连接直通端和耦合端），如图 5-4 所示。

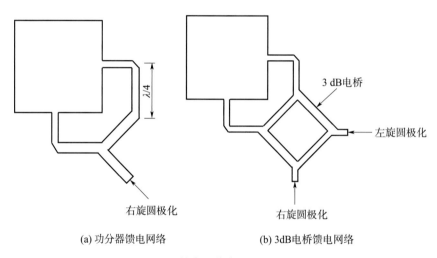

(a) 功分器馈电网络   (b) 3dB电桥馈电网络

图 5-4 馈电网络实现双馈圆极化

5.1.3 多单元圆极化天线阵列

多单元实现圆极化依赖将线极化单元正交放置产生一对极化正交的电场，并且在馈电时，相邻单元幅度相等，相位差为 90°。顺序旋转线极化单元组成 2×2 阵列，等幅馈电，依次分别配 0°、90°、180°、270°（或 0°、−90°、−180°、−270°）的相位，实现右旋圆极化（或左旋圆极化），如图 5-5 所示。由于线极化天线单元合成圆极化，组成线极化的另一旋向的圆极化分量发生抵消，两个单元的增益与一个天线单元的线极化增益相等，同等单元数量下，圆极化增益比线极化小 3 dB。

一个椭圆极化波可以分解为一个右旋圆极化分量和一个左旋圆极化分量。线极化和圆

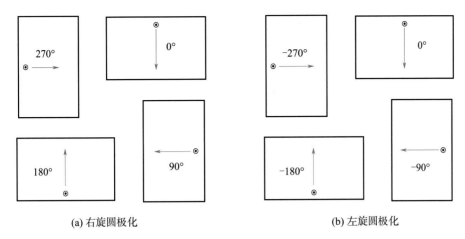

(a) 右旋圆极化　　　　　　　　　　　　(b) 左旋圆极化

图 5-5　多单元圆极化

极化可以看作是两种特殊情况的椭圆极化波：线极化波可以分解为幅度相等的一个右旋圆极化分量和一个左旋圆极化分量，而圆极化波即分解后的右旋圆极化分量和左旋圆极化分量当中某一个分量为 0。对于图 5-6 中的辐射单元，将第 n 个辐射单元辐射在正 z 轴（垂直纸面向外）方向的椭圆极化波进行分解，其中，x，y 分别为单位向量

$$E_n = |E_{Rn}| \cdot (x - \mathrm{j}y) + |E_{Ln}| \cdot (x + \mathrm{j}y) \tag{5-3}$$

阵列中右旋圆极化分量

$$\sum_{n=1}^{4} E_{Rn} \cdot \mathrm{e}^{\mathrm{j}\varphi_n} = \sum_{n=1}^{4} |E_{Rn}| \cdot (x - \mathrm{j}y) \cdot \mathrm{e}^{\mathrm{j}\theta_{Rn}} \cdot \mathrm{e}^{\mathrm{j}\varphi_n} \tag{5-4}$$

阵列中左旋圆极化分量

$$\sum_{n=1}^{4} E_{Ln} \cdot \mathrm{e}^{\mathrm{j}\varphi_n} = \sum_{n=1}^{4} |E_{Ln}| \cdot (x + \mathrm{j}y) \cdot \mathrm{e}^{\mathrm{j}\theta_{Ln}} \cdot \mathrm{e}^{\mathrm{j}\varphi_n} \tag{5-5}$$

式中，θ_{Rn}、θ_{Ln} 表示由于单元旋转带来的相位差；φ_n 表示馈电补偿的相位。

当 $\theta_{Rn} = -90°(n-1)$，$\theta_{Ln} = 90°(n-1)$，且所有单元馈电幅度相等，即 $|E_{R1}| = |E_{R2}| = |E_{R3}| = |E_{R4}|$，$|E_{L1}| = |E_{L2}| = |E_{L3}| = |E_{L4}|$，所配相位 $\varphi_n = 90°(n-1)$，代入式（5-4），得

$$\begin{aligned}
\sum_{n=1}^{4} E_{Rn} \cdot \mathrm{e}^{\mathrm{j}\varphi_n} &= \sum_{n=1}^{4} |E_{Rn}| \cdot (x - \mathrm{j}y) \cdot \mathrm{e}^{\mathrm{j}\theta_{Rn}} \cdot \mathrm{e}^{\mathrm{j}\varphi_n} \\
&= \sum_{n=1}^{4} |E_{Rn}| \cdot (x - \mathrm{j}y) \\
&= n|E_{R1}| \cdot (x - \mathrm{j}y)
\end{aligned} \tag{5-6}$$

代入式（5-5），得

$$\begin{aligned}
\sum_{n=1}^{4} E_{Ln} \cdot \mathrm{e}^{\mathrm{j}\varphi_n} &= \sum_{n=1}^{4} |E_{Ln}| \cdot (x + \mathrm{j}y) \cdot \mathrm{e}^{\mathrm{j}L_{Rn}} \cdot \mathrm{e}^{\mathrm{j}\varphi_n} \\
&= \sum_{n=1}^{4} |E_{Ln}| \cdot (x + \mathrm{j}y) \cdot \mathrm{e}^{\mathrm{j}180° \cdot (n-1)} \\
&= 0
\end{aligned} \tag{5-7}$$

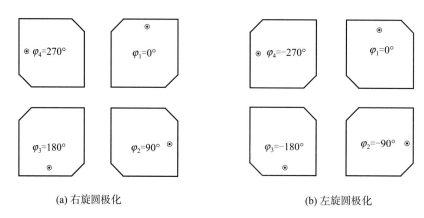

(a) 右旋圆极化　　　　　　　　　　　　　(b) 左旋圆极化

图 5 - 6　旋转馈电提高极化纯度

最终阵列的右旋圆极化分量模值等于所有辐射单元的右旋圆极化分量的模值之和，左旋圆极化分量为 0。同理可以推导出图 5 - 6（b）中最终阵列的右旋圆极化分量为 0，左旋圆极化分量模值等于所有辐射单元的左旋圆极化分量的模值之和。即天线单元已经是圆极化辐射模式，采用顺序旋转技术提高阵列的极化纯度，改善轴比。

将线极化旋转馈电合成圆极化，采用上述公式推导，可以得到其将损失一半的圆极化能量，即增益会降低 3 dB，与前面论述一致。

5.1.4　设计案例

针对毫米波卫星通信系统高通量、宽波束覆盖范围的需求，设计 K/Ka 频段相控阵天线性能指标要求如下：

工作频率：27.5～31.0 GHz（发射）、17.7～21.2 GHz（接收）；

极化方式：左右旋圆极化可切换；

波束扫描范围：不小于±60°；

轴比：小于 2 dB（法向）、小于 4.5 dB（扫描 60°）。

针对需要设计接收和发射两个频段天线，采用分离口径的方法，分别设计 K 频段（17.7～21.2 GHz）和 Ka 频段（27.5～31.0 GHz）两副天线。两副天线可以采用同种形式的天线结构，这里以 Ka 频段为例进行设计[8]。

为了满足卫星通信系统双极化的需求，相控阵天线需具备双圆极化可切换功能。目前常用的有两种方案，第一种是采用单馈点实现圆极化，单元的两个馈口分别对应一种圆极化，因此芯片的每一个通道都可以单独支持天线单元圆极化工作，但这种形式天线阻抗带宽和轴比带宽很窄，相对带宽 5% 左右，而且大角度扫描时轴比性能较差。另外一种方案是通过双馈点合成圆极化，芯片的两个通道同时激励单元，再利用通道的移相功能形成90°相位差，最终实现可切换的双圆极化，这种方案更有利于提升带宽以及大角度扫描时的轴比特性。

天线辐射单元采用贴片天线，通过在金属地上开"H形"缝隙进行耦合馈电，馈电网络采用带状线，并在辐射层和馈线层分别打上一圈金属化屏蔽孔，减少阵元间互耦，提升通道间隔离度，最后共面波导与芯片射频输出连接，天线单元结构模型如图 5-7 所示。Ka 频段天线单元叠层示意图如图 5-8 所示，天线设计采用的介质基板及粘合的半固化片均为 Panasonic Megtron 6，不同厚度介质基板的介电常数略有差异，都在 3.6 左右，损耗角正切为 0.004。考虑到设计余量及加工误差，为了抑制栅瓣，Ka 频段发射天线单元间距取 $d = 4.8$ mm。优化单元后，Ka 频段天线单元最终的主要参数如下：$w_1 = w_2 = 2$ mm，$rf = 0.3$ mm，$rp_1 = 0.8$ mm，$rp_2 = 1.1$ mm，$sl_1 = 0.8$ mm，$sl_2 = 0.2$ mm，$sw_1 = 0.15$ mm，$sw_2 = 0.6$ mm，$lf_1 = 1.3$ mm，$lf_2 = 0.7$ mm，$wf_1 = 0.4$ mm。为了进一步提高轴比性能，在 2×2 子阵内采用旋转馈电布局，芯片结构和 2×2 子阵旋转布局示意图如图 5-9 所示。

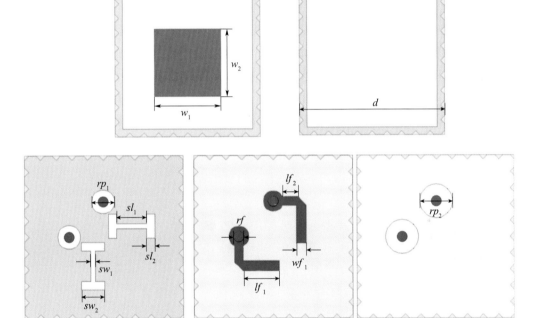

图 5-7 Ka 频段双极化天线单元结构模型

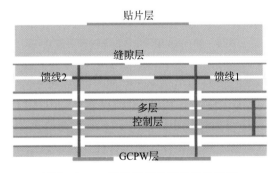

图 5-8 Ka 频段天线单元叠层示意图

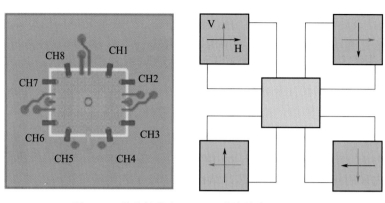

图 5-9　芯片结构与 2×2 子阵旋转布局示意图

　　将天线单元绕右下角顺时针旋转，可以得到 2×2 子阵顺序旋转馈电模型图，如图 5-10 所示。图 5-11 给出了 Ka 频段天线 2×2 子阵最终仿真有源驻波特性，可以看到在工作频段 27.5～31.0 GHz 内，天线的两个极化有源驻波基本都小于 2，匹配良好。图 5-12 所示是 2×2 子阵法向增益和轴比特性，天线在宽频带内，增益平坦度较好，带内增益差小于 1 dB，旋转馈电布局帮助实现了天线的低轴比特性，带内法向轴比小于 0.25 dB。由于两个极化辐射贴片以及馈电结构的对称性，天线 LHCP 和 RHCP 性能具有很好的一致性。

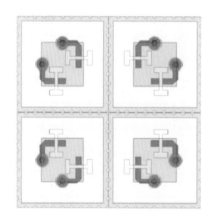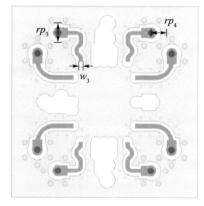

图 5-10　Ka 频段 2×2 子阵布局方式

　　将所设计的子阵单元按照单元间距 4.8 mm 布阵扩展成 8×8 的相控阵。图 5-13 是 Ka 频段 8×8 阵列在频点 27.5 GHz、29.5 GHz 以及 31 GHz 的扫描方向图，天线具备 ±60°扫描能力，大角度扫描时损耗较小。图 5-14 所示是阵列不同扫描角的轴比变化特性，由于采用了顺序旋转馈电，阵列具有低轴比特性，频带内法向轴比接近 0 dB，扫描到 30°和 60°时带内轴比分别小于 1.2 dB 和 4 dB，由于 Ka 频段端口之间距离小，大角度扫描时端口间耦合增强，导致轴比有所恶化，但仍在工程应用接受范围之内。

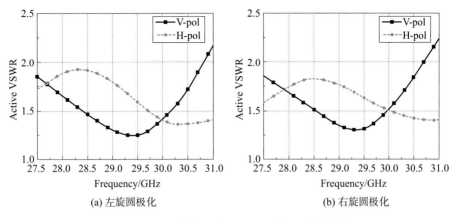

(a) 左旋圆极化

(b) 右旋圆极化

图 5-11　Ka 频段天线 2×2 子阵有源驻波特性

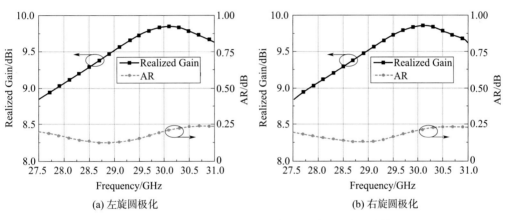

(a) 左旋圆极化

(b) 右旋圆极化

图 5-12　Ka 频段天线 2×2 子阵法向增益和轴比特性

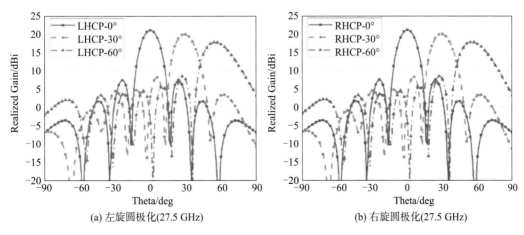

(a) 左旋圆极化(27.5 GHz)

(b) 右旋圆极化(27.5 GHz)

图 5-13　Ka 频段 8×8 阵列在频点 27.5 GHz、29.5 GHz、31.0 GHz 的扫描方向图

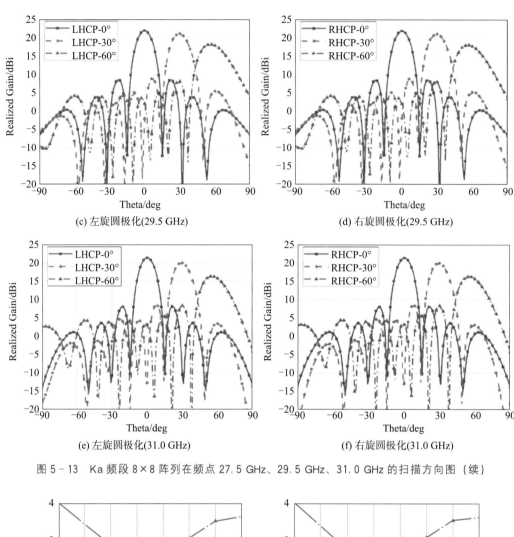

(c) 左旋圆极化(29.5 GHz)

(d) 右旋圆极化(29.5 GHz)

(e) 左旋圆极化(31.0 GHz)

(f) 右旋圆极化(31.0 GHz)

图 5－13　Ka 频段 8×8 阵列在频点 27.5 GHz、29.5 GHz、31.0 GHz 的扫描方向图（续）

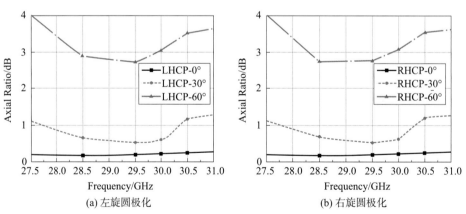

(a) 左旋圆极化

(b) 右旋圆极化

图 5－14　Ka 频段 8×8 阵列轴比曲线

5.2　共口径天线阵列设计

近年来，卫星通信技术飞速发展，通信容量的暴增也带动了通信设备需求量的增长，如规模越来越大的低轨卫星星座、普及越来越广的卫星通信终端等，上述通信设备都有朝多功能化、小型化方向发展的诉求，然而，天线体积始终是限制通信系统体积进一步缩小的"木桶短板"。多天线共用口径成为一项补足该短板的突破性技术，N 个同等尺寸的天线共口径，理论上天线尺寸可缩减为原来的 $1/N$ 倍，这显著减小了天线的尺寸，为通信系统的进一步小型化带来福音。

卫星通信多采用频分收发双工，因此服务于卫星通信的共口径天线需实现双频共口径，两频率分别服务于接收和发射。实现途径主要可分为两类，即共用辐射体共口径天线阵和分立辐射体共口径天线阵。图 5-15 示出了两种阵列拓扑的简图，多数情况下，分立辐射体共口径阵列具有充足的设计自由度，并可减少冗余单元，但其需克服如何将两种单元"塞"入本该为一种单元留置的栅格内这一难题。共用辐射体则保留了传统天线阵的特征，单个栅格内只有一个天线单元，不同的是该天线单元可工作在高低两频，因为还原了周期性，因此其设计难度明显降低，但面临冗余单元带来的高成本问题。

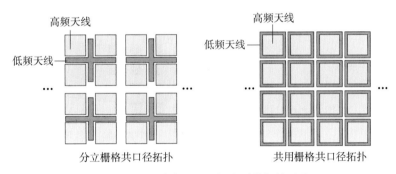

图 5-15　两种实现共口径阵列的拓扑形式

5.2.1 节和 5.2.2 节将结合具体发展现状来分别阐述两种共口径阵列，5.2.3 节将展示一款 Ka 频段共口径卫星通信相控阵的设计案例。

5.2.1　共用栅格共口径天线阵

共用栅格共口径天线阵按其辐射体形式又可划分为宽带共用天线和异频融合天线。

（1）宽带共用天线

宽带共用天线在美国 SpaceX 公司的星链终端产品中得到了成功应用[9]，其形式与图 5-16 左图中的天线形式相仿，采用耦合馈电的双层贴片实现天线带宽扩展，由正交移相馈电方式生成圆极化。天线带宽覆盖 10.7～14.5 GHz 的 Ku 频段上下行链路频段，相对带宽在 34% 以上，上下行共用辐射单元和馈电点，通过时分方式实现收发共用天线阵面。该天线双层贴片之间由类空气夹层支撑，改善了带宽表现，结合耦合缝馈电方式消除寄生电抗、多层贴片增加谐振点，该天线得以实现34％以上的相对带宽，远远超过传统的直接馈电贴片天线。

另一种宽带共用天线形式为强耦合超宽带天线阵列，得益于阵列辐射体之间的强耦合效应，此类天线可实现跨频程带宽，是宽带共用天线的性能增强方案。以强耦合偶极子阵列为例，如图5-16右图所示[8]，紧密排列的偶极子之间形成了等效电容，与馈线和辐射体之间形成的电感实现对消，从而保证在超宽带范围内实现阻抗匹配，强耦合并非指天线端口之间互耦合强，而是指在部分结构位置形成了紧密耦合的电容，因而可产生足够强的电容效应用以抵抗馈电的感性效应。采用巴伦馈电的立体结构可实现十倍频程带宽，但由于立体结构存在安装复杂、难以集成的问题，采用多层PCB集成的偶极子则可以缓解上述困难，但其带宽相对较窄，在六倍频程左右。超宽带天线的性能可轻易覆盖卫星通信要求的收发双频段，以Ka频段为例，其地面终端收发频率在20 GHz和30 GHz左右（星载收发频率互换），所需带宽仅为1.5倍频程，因而超宽带天线也是宽带共用天线的理想使用形式。

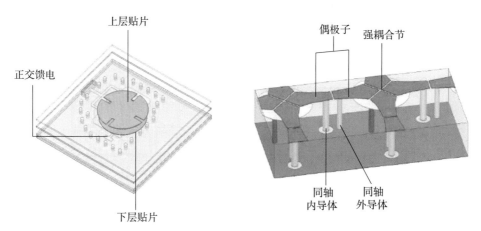

图5-16　宽带共用天线形式

宽带共用天线尚有多种形式，只要其带宽可满足双频工作要求，均可用于共口径天线方案中，本节仅对其中两种典型方案进行介绍，读者在设计时可不限于上述两种形式。

（2）异频融合天线

异频融合天线将两种辐射体容纳于同一栅格内，设计上有更多的灵活度，辐射体结构可分别针对卫星通信的两个频段优化。相比于宽带共用天线，得益于辐射体结构与工作频段一一对应，其可变性更强，具备无需依赖3 dB分支线电桥、双工器等器件而实现双频异圆极化的能力。分类上存在分离馈口和共用馈口两种形式。

图5-17左图为一种分离馈口的K/Ka频段异频融合天线[11]，该天线单元通过堆叠K频段和Ka频段天线于同一栅格而实现异频融合，由于两辐射体独立可调控，因而其具备任意配置两频段圆极化旋向的能力，且馈电口独立，可满足双工器缺失的应用场合。单元结构上，从上到下，其由Ka频段圆极化环形贴片天线、Ka频段天线地板、K频段双极化

贴片以及 K 频段天线地板组成，符合堆叠特征，辐射主体投影不重叠，因而 Ka 频段辐射体不影响 K 频段辐射体辐射，双辐射体得以兼容。

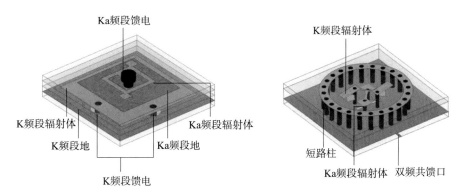

图 5-17　分体共用栅格单元形式

图 5-17 右图为一种共用馈口的 K/Ka 频段异频融合天线[12]，该天线双频共用馈电结构，双频圆极化的相异依赖于两频段辐射体的正交放置而实现。其双频共用馈电的特征使得其更适用于时分应用场合，优点在于馈电紧凑，有利于芯片布线。单元结构上，其双频辐射体均由磁电偶极子构成，利用同相激励的磁电偶极子可提供天然的正交极化分量及二者之间的 90°相位差，从而实现圆极化，周围的环形短路柱用于组阵情况下去耦合。

5.2.2　分立栅格共口径天线阵

分立栅格共口径天线阵中，高低频单元具有不同的阵元间距或不同的布阵位置，因此其布局具有更大的灵活性，可借助布局上的自由度，用于实现高低频不同布阵间距而降低低频所用通道数量，抑或是用于馈电结构的避让。但其布局上的不同导致了不同天线单元周围一致性的丧失，设计难度更大。本节介绍三种分立栅格共口径拓扑及其代表性应用。

图 5-18 左图示出高低频 1∶1 错位拓扑的简图，在此拓扑中，低频天线与高频天线单元数量为 1∶1，高低频单元间引入错位用于实现馈电结构的避让等目的。图 5-18 右图则是一种基于该拓扑的实际天线单元形式[13]，该天线实现了 K/Ka 频段天线共口径，天线极化形式为双频正交线极化，高频单元由腔馈双缝组成，低频单元由带状线馈电的哑铃型缝隙构成，为实现对低频天线的激励，低频栅格相对于高频栅格发生位移，从而借用两个高频馈电腔之间形成空隙以容纳低频缝隙馈电线，高频馈电腔壁复用作带状线屏蔽孔而实现紧凑布局。相比于上节所述共用栅格拓扑，其在单元数量上并未能实现节约，但已经是开发拓扑布局自由度的一种尝试，成功实现了馈电结构的避让，使得有限单元面积中容纳下独立的双频天线单元。

图 5-19 左上图示出高低频 1∶2.25 拓扑的简图，在此拓扑中，低频天线与高频天线单元数量为 1∶2.25，该比例符合 K 与 Ka 频段的标准半波长阵单元数量之比例，实现双频共口径的同时还保持了原有的单元数量，使得相控阵成本不会因共口径而明显增加。该拓扑实际由 K 频段方阵和 Ka 频段旋转 45°的方阵插空排布而成，K 频段方阵和 Ka 频段方

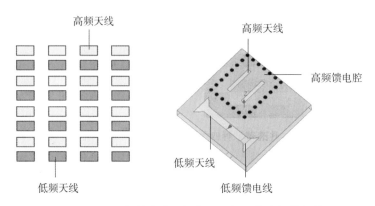

图 5-18 1∶1 拓扑的分立栅格共口径天线阵拓扑和单元

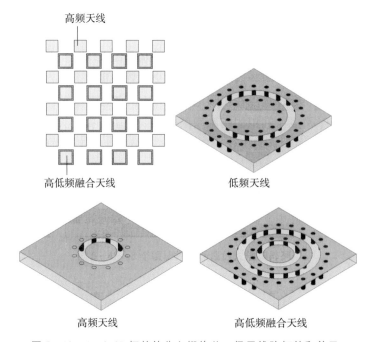

图 5-19 1∶2.25 拓扑的分立栅格共口径天线阵拓扑和单元

阵均为标准半波长布局，重合部分则采用双频融合天线单元。图 5-19 其余三幅图则是一种基于该拓扑的实际天线单元形式[14]，构造了 K/Ka 频段共口径相控阵。该天线极化形式为双频正交线极化，其单元形式均来源于环状贴片天线，高低频融合天线由高频天线与低频天线嵌套而来，全屏蔽的天线结构为融合天线中的两频段辐射体带来了良好的隔离度，因此其表现与天线原型性能相似。1∶2.25 适合于追求成本平稳的场合，但其要求天线布局足够灵活以实现插空布局，这一点在瓦式共口径相控阵中可得到满足。

图 5-20 左图示出高低频 1∶4 拓扑的简图，在此拓扑中，低频天线与高频天线单元数量为 1∶4，虽然该比例下高低频天线栅格数目不一致，但形成了整数比例，此时，可令一个低频单元与四个高频单元构成共口径阵列的基本组成模块，并以此开展共口径阵列的

周期化仿真。图 5－20 右图给出一种采用该拓扑的共口径天线形式，采用了类似结构实现 Ku/Ka 频段阵列共用口径[15]，两频阵列具有正交的线极化特性。天线结构上，低频辐射体由基片集成互补偶极子构成，该偶极子采用基片集成波导馈电。高频天线由末端开口波导构成，波导的一个边壁由基片集成波导的铜皮替换，从而实现双频辐射体的容纳。波导口可使低频段电磁波截止，因而可充当反射地，为低频偶极子天线阵增强方向性。此种拓扑适用于两频段频率比例为 2 的应用场合，例如 Ku 频段与 Ka 频段卫星通信双接收天线或双发射天线共用口径，此时该拓扑正好可使两频天线单元间满足半波长布局。

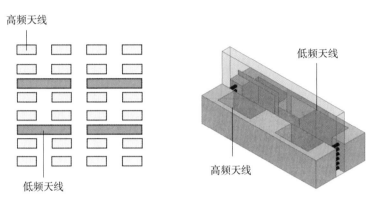

图 5－20　1∶4 拓扑的分立栅格共口径天线阵拓扑和单元

5.2.3　设计案例

前几节简要介绍了常用的共口径天线拓扑，本节提供一种卫星通信共口径天线阵的具体设计案例。该相控阵为砖式相控阵，具有电路易布局、结构优化、自由度多等特点，当砖式相控阵与纤薄的基片集成波导结合后，由于厚度的进一步缩减，其适用于共口径及类似高密度布局场合，因此本节选取砖式共口径相控阵作为设计案例。

本案例设计了一款 K/Ka 频段圆极化共口径相控阵天线，天线采用砖式架构和端射单元。天线同时具有双频大带宽、双频正交圆极化、大波束扫描范围和收发高隔离度的特性。本方案采用三项新技术用以实现上述性能。其一为新型共口径拓扑，保证设计自由度和周期性；其二，反射型滤波结构将带外辐射体变作次级辐射体，频间互耦合得以利用，从而实现宽带幅度平衡；其三，通过抑制高次平板波导模式，实现大角度圆极化扫描。本案例在法向实现工作带宽分别为 17.7～21.2 GHz，27.5～31.0 GHz。极化方式上，低频段为右旋圆极化，高频段为左旋圆极化。扫描范围为 ±60°，收发通道间隔离度大于 40 dB。

由表 5－1 中性能可知本案例所设计的共口径相控阵具有圆极化、大带宽、大扫描范围以及高隔离的特性[16]。后文将以获得上述特性的技术为主线，按照天线阵拓扑、宽带特性获得、宽角特性获得的顺序，描述本案例中天线的设计流程。

表 5 - 1　砖式共口径相控阵设计指标

工作频段	17.7～21.2 GHz/27.5～31.0 GHz
极化形式	低频右旋圆极化/高频左旋圆极化
扫描范围	≥±60°
隔离度	≥40 dB

与非共口径相控阵直接设计周期单元不同，共口径天线阵拓扑决定了后续的设计方法，因此设计之初应首先确定共口径阵列拓扑。本案例中，采用了适合砖式相控阵实现的 1∶1.5 交替式拓扑（图 5 - 21），即单条基板上仅存在高频或低频其中一种单元，形成单频线阵，在单频线阵中，天线单元按照其工作频率半波长布阵，线阵与线阵之间则按照高频半波长交替布阵。对于 K/Ka 频段应用，1∶2.25 拓扑无冗余单元，是一种节约通道数量的共口径拓扑方案，但对于砖式阵列而言将带来布局上的复杂度，而 1∶1 拓扑虽然带来了布局上的便利性，并良好地维持了阵列天线的周期性，然而却带来大量的冗余单元，不利于节约成本。本案例 1∶1.5 拓扑布局简易，并减少了冗余单元数量，保证了设计自由度和周期性，相比于 1∶2.25 和 1∶1，这是一种在冗余但复杂度低的方案和节约但复杂度高的方案之间的折中选择方案。

高频天线

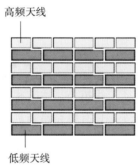

低频天线

图 5 - 21　本案例中采用 1∶1.5 共口径拓扑

所采用的天线单元如图 5 - 22 所示，左侧为低频天线单元，右侧为高频天线单元，二者结构相似但有不同，从叠层上看，均由三层铜箔、两层基板构成，本案例中基板采用 Taconic TSM - DS3 基板，介电常数为 3.0。辐射部分由开口基片集成波导及类偶极子结构组成，类偶极子结构由开口基片集成波导的侧壁剪切两个方形槽后的剩余部分形成。开口基片集成波导提供了圆极化所需的 x 方向极化分量，类偶极子结构提供了圆极化所需的 y 方向极化分量。

单元所组成的共口径线阵模块如图 5 - 23 所示，该模块包含 K 频段线阵、Ka 频段线阵、地板，模块 x 方向尺寸为 $P_x = 5$ mm，各频段线阵厚度均为 $T = 1.675$ mm，地板之上的辐射体高度为 4.1 mm。K 频段线阵除辐射体外还包含过渡结构和带状线滤波结构。过渡结构实现带状线转基片集成波导的过渡，由一个半盲孔与两种需过渡的传输线组成。带状线滤波结构实现对 Ka 频段信号的滤除，由三阶开路枝节构成。Ka 频段线阵结构与 K 频段线阵结构相似，但其侧壁开槽位置相反，用以实现另一种旋向的圆极化，此处为左旋

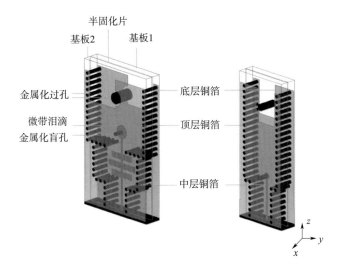

图 5 - 22　本案例中采用的天线单元

圆极化。除辐射体外也包含过渡结构和滤波结构，过渡结构形式与 K 频段线阵一致，滤波结构由一段加长的基片集成波导构成，利用截止特性滤除 K 频段信号。

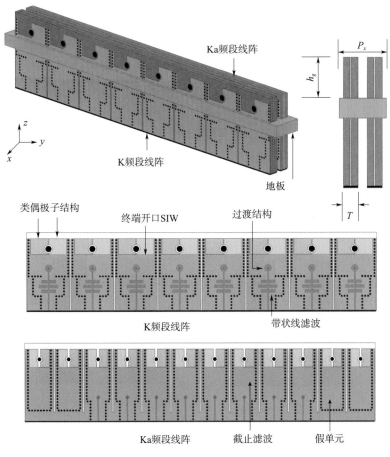

图 5 - 23　本案例中采用的共口径线阵模块

为实现共口径阵列的宽带圆极化特性，需实现正交场分量之间宽带的 90°相位差以及保持在相应带宽内的正交场分量幅度一致性。如图 5-24 所示，在相位方面，本案例利用了同方向同相位激励的电流辐射场和磁流辐射场自带 90°相位差的原理，实现了宽带 90°相位差。其中电流由类偶极子结构提供，磁流由开口基片集成波导提供。在幅度方面，除考虑到类偶极子结构和开口基片集成波导均具有一定的带宽外，由于共口径阵列的特殊性，两频段辐射体之间的互耦合不得不考虑，本案例利用了两频率辐射体的互耦合，使其帮助实现正交场分量幅度的一致。加载滤波结构的带外辐射体相当于一个辅助辐射结构，耦合进入其中的能量被滤波结构所反射，并进行二次辐射，实际上最终表现的辐射场是由两频段辐射体共同辐射的。此处需注意的是，耦合进入另一频段辐射体的能量仍保持了正交分量 90°的相位差，因为磁流与电流之间的 90°相位差自然存在，不受频率影响，因此相位差可在宽带条件下保持恒定。这使得另一频段的耦合能量再辐射后不会发生相位偏差，因而仍可保持良好的圆极化效果。图 5-25 示出了滤波结构的滤波效果，可由相邻两频单元间隔离度表征，可见在工作频带内隔离度均大于 40 dB，这表明两频单元实现了良好对带外信号的滤波效果。

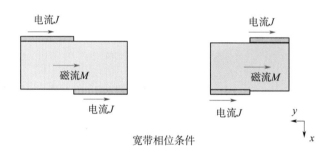

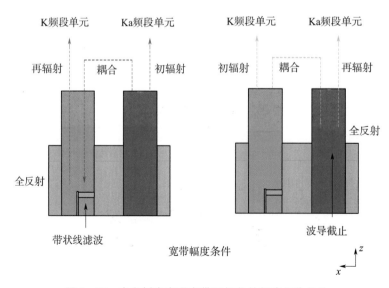

图 5-24　本案例中实现宽带圆极化的幅度相位条件

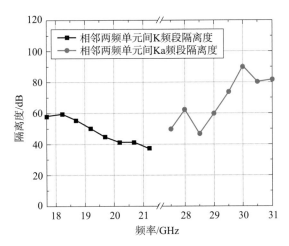

图 5‑25　本案例中相邻单元间隔离度

　　为实现共口径阵列的宽角圆极化特性，需保证在扫描过程中幅度相位条件不恶化，在本案例中则表现为对板间高次模式的抑制。传统砖式非共口径圆极化阵列在 xoz 面扫描时面临轴比恶化问题，其主要原因是天线板间形成了高次模平板波导，支持高次平板波导模式的产生，在大角度扫描时，激发起了与法向条件下场分量方向垂直的场，幅度一致性被剧烈破坏，进而导致扫描轴比明显恶化；而在本案例的拓扑下，则有效避免了高次模式的激励，两板之间插入另一频率的天线板，将原有的高次模平板波导分割成单模平板波导，破坏了高次模式的产生条件，有效维持了大角度扫描的轴比。图 5‑26 示出了非共口径和共口径阵列的板间矢量场对比，可明显观察到场方向的正交特征。

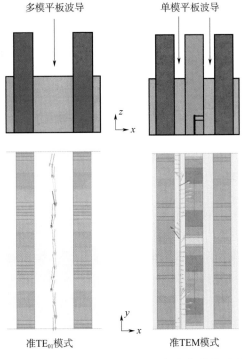

图 5‑26　本案例中实现宽角圆极化扫描的原理

为验证上述设计的可实现性，本案例还加工了天线样件，基于印刷电路板堆叠的方式，构建了 K 频段 8×8/Ka 频段 8×8 的共口径砖式阵列，如图 5 - 27 所示，后半部分延长的结构为无源移相馈电网络。开展测试后得到与仿真设计吻合的结果，收发天线间隔离度均在 40 dB 以上，可有效缓解后端滤波性能的设计压力（图 5 - 28 和图 5 - 29）。辐射特性测试结果表明，本共口径阵列具有俯仰面±60°的圆极化波束扫描范围，在大扫描角度下，带宽特性有一定的下降，但仍能维持在 1.5 GHz 以上，可满足数个卫星通信信道的分配需求（图 5 - 30 和图 5 - 31）。

图 5 - 27　本案例加工的天线测试样件

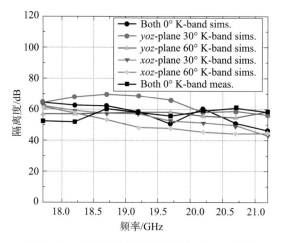

图 5 - 28　本案例收发天线间隔离度（K 频段）

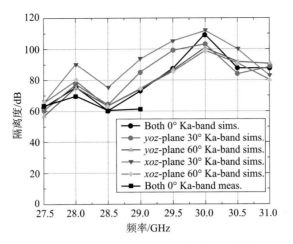

图 5‑29　本案例收发天线间隔离度（Ka 频段）

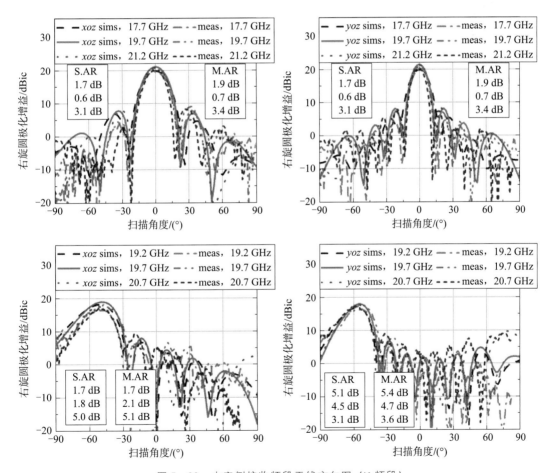

图 5‑30　本案例接收频段天线方向图（K 频段）

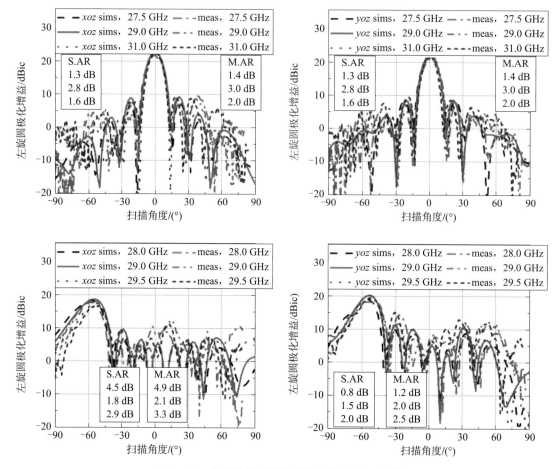

图 5-31 本案例发射频段天线方向图（Ka 频段）

至此，本部分已完成了关于共口径相控阵的现状介绍和设计案例展示，工业界和学术界仍在提出不同结构的共口径相控阵方案，但离不开关于拓扑和实现结构的讨论。因此，对于共口径相控阵的设计，拓扑和单元选型为首要考虑因素，而性能的获得往往在于对结构的不断优化调试。

5.3 稀疏化天线阵列设计

近年来，随着相控阵技术的不断成熟，开始追求低成本、低设计复杂度、高性能的天线架构。相控阵天线的制造成本是一个重要的考虑因素，特别是 T/R 组件占据了相当大的比例。为了降低成本，研究人员正在关注瓦片式相控阵技术。然而，高度集成的瓦片式相控阵在散热方面存在挑战，因为 T/R 组件被约束在每个阵列单元的相同区域内。为了解决这一问题，需要尽可能减少 T/R 组件的数量，并增大阵列天线的单元间距。

然而，增大单元间距可能导致栅瓣效应的出现，影响通信雷达系统的性能。栅瓣效应主要是由于阵列单元的周期性排列导致辐射方向图在非期望方向相干叠加。为了抑制栅瓣效应，打破阵列单元排布的周期性是关键。非传统阵列结构成为研究的热点，包括规则稀疏阵列、随机稀疏阵列和"一驱多"子阵技术。这些技术可以帮助改善阵列的性能并降低成本，推动相控阵天线在各种应用领域的应用。

5.3.1　规则稀疏阵列

　　规则稀疏阵列是从传统相控阵阵列中关闭某些位置的阵元后剩下的阵元形成的阵列，其阵元坐标仍然位于传统相控阵的栅格上，如图 5-32 所示。通常阵元只是通过馈电与否来实现，这样保持了互耦环境不变而且通道数减少。从统计角度上讲，稀疏阵的阵因子方向图函数在形式上与满阵的相同，通过对阵中每个单元按条件判断是否激励，对满阵方向图进行概率逼近，得到的方向图副瓣电平一般比满阵略高，但单元数相对较少，主波束宽度和满阵基本一致。由于阵元是否被激励是以对应满阵的馈电幅度分布作为概率函数来判定的，故得到的稀疏阵又称为"密度加权阵"。稀疏阵的阵因子如下

$$S(\theta,\varphi) = \sum_{m=1}^{M}\sum_{n=1}^{N} F_{mn}\, \mathrm{e}^{\mathrm{j}kx_m(\sin\theta\cos\varphi - \sin\theta_0\cos\varphi_0)}\, \mathrm{e}^{\mathrm{j}ky_n(\sin\theta\sin\varphi - \sin\theta_0\sin\varphi_0)} \tag{5-8}$$

式中，F_{mn} 称为位置函数，其取值只有两个数，即 0 和 1。当 $F_{mn}=0$ 时，处于坐标位置 $(x_m,\ y_n)$ 的单元为无源单元；当 $F_{mn}=1$ 时，该位置的单元则为有源单元。F_{mn} 的取值以样本满阵单元的归一化激励幅度 I 作为概率分布函数，通过与一个随机数 R_{mn}（区间 [0, 1] 内的均匀分布的随机数）作比较来确定。如果 R_{mn} 小于或等于归一化的激励幅度 I_{mn}，则保留该单元，否则就舍弃该单元。

图 5-32　稀疏阵架构。浅色代表阵元关闭，深色代表阵元打开

　　独立采样概率密度稀疏法决定有源阵元的方法，是以样本为满阵的振幅分布 I_{mn} 作阵元位置 F_{mn} 函数取值的概率分布函数来确定的，每个阵元的取舍独立地被自己的激励幅度值 I_{mn} 和随机数 R_{mn} 决定，而与周围阵元的激励幅度无关。事实上，满阵的口径分布是通过整体计算得到的，因此某阵元的取舍除了考虑自身所对应的激励幅度值外，还应该考虑其周围阵元的取舍概率情况。

　　相关采样概率密度稀疏法的基本思想则是：如果位于 $(x_m,\ y_n)$ 的阵元被舍去，即

$F_{mn}=0$，那么 $(x_m，y_n)$ 周围的阵元被保留的概率应该比独立采样的概率大。反之，如果阵元被保留，即 $F_{mn}=1$，则相邻位置上阵元被保留的概率应该比独立采样的概率小。样本满阵中的某个阵元的取舍，不仅与该阵元激励幅度所决定的概率分布函数 I_{mn} 有关，而且还与周围阵元激励幅度的概率分布函数有关，且概率分布函数以某种方式传递。这样就可以在一定程度上弥补独立采样概率稀疏法的不足，减小随机数影响。

20 世纪 50 年代开始，非均匀阵列首次受到关注，但当时的计算能力限制了其发展。到 20 世纪 90 年代，随着计算智能的飞速发展，国内外学者相继提出了多种阵列稀疏优化技术。早在 1994 年，R. L. Haupt 就提出了采用遗传算法确定在周期阵列中关闭某些单元以产生最低副瓣电平[17]。给出了 200 阵元线阵和 200 阵元平面阵，如图 5-33 所示。阵列被稀疏以获得小于-20 dB 的副瓣电平。线性阵列也在扫描角度和带宽上进行了优化。

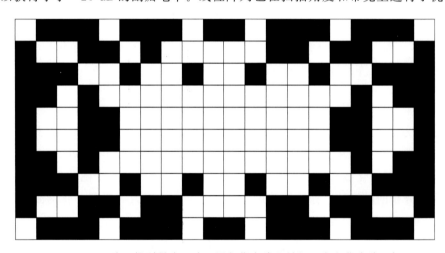

图 5-33   200 阵元规则稀疏面阵：黑色代表阵元关闭，白色代表阵元打开

2008 年，Keizer 等人提出了一种迭代傅里叶变换算法（Iterative FFT techniques，IFT），用于设计等幅激励的稀疏线阵[18]。这一算法的核心思想是利用虚拟网格来建立傅里叶变换与稀疏线阵设计之间的关系。具体地，算法在线阵的排布空间上划分出虚拟网格，并利用 FFT 来求解网格位置对应的激励，相当于在网格上放置特定激励的阵元。这种方法的优势在于通过傅里叶变换技术，将线阵的设计问题转化为在虚拟网格上的激励分布问题，从而实现了对线阵的等幅激励设计。通过这种迭代傅里叶变换算法，设计者可以更有效地控制线阵的激励分布，进而优化线阵的性能和特性。这一技术对于稀疏线阵的设计和优化具有重要意义。2009 年，他又把 IFT 算法用于平面阵的稀疏综合，与启发式算法相比，IFT 不需要对种群中每个个体都进行方向图的计算，因此大大缩短了总优化时间[19]。

2017 年，Gina Kwon，JoonYoung Park 等人提出了一种用于雷达的双频段收发共口径阵列天线[20]。两个频段的天线都采取了规则稀疏阵列，将稀疏阵列以可实现的阵列形式呈现。与满阵相比，减少了 50% 的阵元，但是达到了和满阵相当的辐射性能，在 ±40° 的扫描范围内不存在栅瓣。

规则稀疏阵是在满阵的基础上实现的，因此具有较强的可实现性，但是规则稀疏阵对周期性的破坏程度较弱，由于关掉了部分单元，导致口径效率低，增益低，因此难以实现高的稀疏率。

5.3.2　随机稀疏阵列

随机稀疏阵列指的是所有阵元在固定阵列口径内任意分布，只需保证阵元之间无重叠，没有栅格的限制，不需要像规则栅格稀疏一样，阵元都需要满足一定的阵元间距，因此具有更大的自由度，如图 5-34 所示。相较于周期阵列，随机稀疏阵列可以在相同的口径下使用更少的阵元。这种灵活性和效率使得随机稀疏阵列在一些特定应用中具有优势。

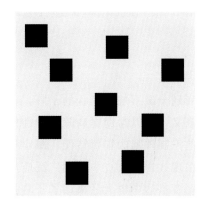

图 5-34　随机稀疏阵列架构

在 2006 年，Kesong Chen 等人提出了一种改进的实数遗传算法（MGA）用于稀疏线性阵列的合成。利用 MGA 算法优化阵列单元位置，降低阵列的峰值旁瓣电平。这里的多重优化约束包括：单元数量、最小单元间距以及整个阵列的口径大小。类似于标准遗传算法，利用基因变量与其编码之间的固定对应关系，以及利用基因变量的编码重置来避免优化过程中的不可行解。该方法通过对个体的间接描述，减小了遗传算法的搜索区域大小。仿真结果验证了该算法的有效性和鲁棒性[21]。在 2007 年，继续针对矩形边界稀疏平面阵列单元位置优化问题，提出了一种基于染色体重置的改进实数遗传算法[22]。该算法将单元之间的空间由实际距离简化为切比雪夫距离，通过对个体的间接描述来搜索更小的解空间，并利用两个新的遗传算子避免了优化过程中的不可行解。仿真结果验证了该方法的有效性和鲁棒性。

2017 年，Karl F. Warnick 等人为了降低大型非周期阵列设计问题的复杂性，研究了离散旋转子阵的使用，其单元位置和瓦片方向优化以最小化峰值旁瓣电平（PSLL）为目标，如图 5-35 所示[23]，子阵内部采用随机稀疏的技术。

随机稀疏阵相比于规则稀疏阵进一步破坏了周期性，因此可以达到更高的稀疏率，但是由于阵元位置杂乱无章，给后期布线带来了较大的压力。

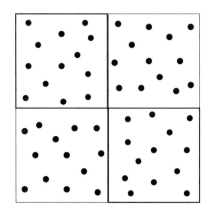

图 5-35　随机稀疏阵列模块拼接

5.3.3　子阵稀疏阵列

子阵稀疏阵列是将周期阵列划分成不规则形状的子阵，子阵内部阵元统一馈电。这种技术在相控阵设计中具有重要意义，可以帮助提高阵列的性能和灵活性。通过将阵列分成不规则形状的子阵，可以更好地控制阵列的辐射特性，减小栅瓣效应，提高波束形成的精度和灵活性。因此，子阵技术在现代雷达系统中得到广泛应用，并在军事和民用领域发挥着重要作用。目前已经服役的军事雷达中也大量采用了子阵技术，例如美国国家导弹防御（National Missile Defence System，NMD）系统中的地基 GBR 雷达，美国舰载宙斯盾区域防空武器系统中的 AN/SPY-1 雷达，以及英法德联合研究的机载有源相控阵雷达 AMSAR 等等。子阵布局的示意图如图 5-36 所示。

图 5-36　50%稀疏率的子阵稀疏阵列架构。相同编号的单元属于同一个子阵

5.3.3.1　不同形状子阵的排布

Andrea Massa 等人讨论了产生双功能波束的相控阵天线的设计[24-25]。第一/主波束是固定的，它是在单元级（EL）通过复杂（振幅和相位）加权系数产生的，而第二/次波束

是在子阵列级合成的，通过将阵元聚集到不重叠的簇中，并在簇输出处使用额外的移相器。为此，通过一种旨在降低不可避免的副瓣的特别迭代方法确定子阵列的结构，同时合成子阵列相位系数；一旦 EL 处的激励已设置，则将其转换为相位匹配问题，其解析解是最优的，因为它保证了相对于参考相位分布的最小二乘误差。

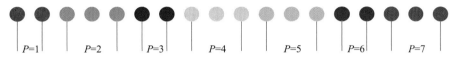

图 5-37　不同形状子阵组成的线阵

Zi-Yuan Xiong 等人，提出了独立合成子阵列单脉冲阵列的最优和波束方向图、差波束方向图的创新方法[26-27]。利用子阵列划分与最优激励之间的关系，将综合问题表述为由最优激励引起的集合聚类问题，如图 5-38 所示。这样，最优子阵列划分问题就转化为聚类问题，但是需要提供每一个状态下单元级的阵元馈电幅相，而且子阵形状不一，加工较为复杂。

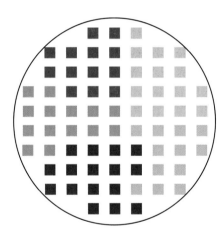

图 5-38　不同形状子阵组成的面阵

5.3.3.2　规则子阵的非周期排布

Yury V. Krivosheev 等人研究了由矩形和三角形栅格大间距周期子阵组成的平面相控阵天线栅瓣抑制技术，使用非周期排列的子阵列实现栅瓣抑制。这种方法提供了一种减少栅瓣的方法，而相对于周期性阵列，结构复杂性没有显著增加。通过规则子阵间的相对平移和旋转，在栅瓣方向上实现反相叠加从而压低栅瓣[28]。在这种情况下，采用规则子阵的优化方法确实具有一定的优势，因为规则子阵的优化变量较少，通常只涉及旋转角度和错位距离，使得优化的复杂度较低。此外，规则子阵更容易进行模块化加工和组装，因此在早期的相控阵雷达中得到了广泛应用，如地基 GBR-P 雷达。然而，由于规则子阵的自由度较低，只能改变子阵之间的关系，导致周期性较强，对栅瓣的抑制能力较低，无法实现较宽的扫描范围，副瓣电平也较高。为了克服这些问题，文献 [29] 采用了最速下降法对这类子阵结构进行了优化，以实现与地球同步卫星通信应用。具体来说，针对一个包含

16 个子阵的平面阵，每个子阵内有 64 个天线单元，通过优化方法可以改善阵列的性能，提高扫描范围和降低副瓣电平，从而更好地满足通信需求。

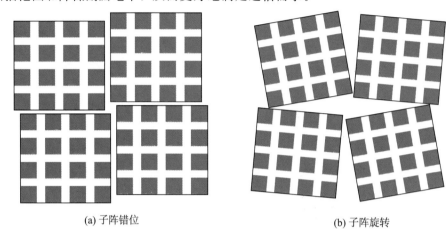

(a) 子阵错位   (b) 子阵旋转

图 5-39 规则子阵的非周期排布

5.3.3.3 不规则子阵的排布

R. J. Mailloux 等人提出了一种采用穷举法寻找最优子阵拓扑的方法[30]，该方法可以得到任意一个全覆盖口径的排布方案，适用于任意形状的子阵。但是算法周期极长，中等规模的穷举耗时达半个月。为了解决这个问题，后期进行了更多方法的探究。

2015 年 P. Rocca 等人将阵列结构分解为不规则多米诺子阵列（图 5-40），其位置和方向通过基于遗传算法的方法进行优化[31]。实现了在宽频带上产生低旁瓣和无栅瓣的相控阵。基本具备完备的数学背景，能够保证口径的全覆盖，但是该算法只适用于多米诺子阵，随机性强，优化效率较低，针对单一角度辐射性能优化不能保证扫描性能。

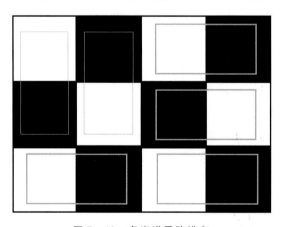

图 5-40 多米诺子阵排布

在文献［32］中，Andrea Massa 团队的 Nicola Anselmi 博士提出了一种通过设定矩形栅格中每个顶点的高度值来转化所有可能排布方案为一组整数编码的方法，从而实现多米诺子阵的排布。对于小规模阵列，可以通过遍历整数编码来获取最佳排布方案；而对于大规模阵列，则可以利用遗传算法对整数编码进行优化，以获得最佳的子阵划分方案。这种方法实现了完全子阵结构，即子阵内部的单元激励幅度和激励相位均一致，同一个子阵内的单元通过功分器与一组 T/R（发射/接收）组件相连。尽管该方案在实现完全子阵结构方面取得了成功，但其实施较为复杂，并且仅适用于矩形栅格中二联网格的排布。这种方法的局限性在于排布形式的限制，但对于特定场景下需要实现完全子阵结构的情况，这种方法可能是一种有效的选择。

在工程应用中，一些企业尝试将非规则子阵技术引入相控阵系统。举例来说，高通公司验证了非规则子阵技术在一个工作在 14 GHz 的 16×16 有源相控阵上的应用。他们成功实现了 12.5% 的稀疏率，在 $\pm 5°$ 范围内进行波束扫描。然而，该实验仍然是基于传统相控阵平台进行的，只是通过设定相邻单元一致的激励幅度和激励相位进行了技术验证，并未真正加工后端非规则子阵的功分器馈电网络。

另外，某公司也进行了非规则子阵技术的实验验证。他们加工了一款工作在 82 GHz 的非规则阵列，利用 LTCC 工艺将天线阵面与后端的功分器馈电网络集成在一起。虽然在毫米波频段移相器成本较高，但通过设计不同长度的延迟线实现了相应波束指向，从而在一定程度上验证了非规则子阵技术在毫米波频段的有效性。随后，此公司进行了更深入的实验验证，将非规则子阵技术应用于 E 波段（$71 \sim 76$ GHz）的 AiP（Antenna in Package）天线阵。该系统包含 256 个天线单元以及 32 组移相器和衰减器，最大扫描角度为 E 面 15°。这些实验为非规则子阵技术在不同频段和应用场景下的有效性提供了有益的探索和验证。

子阵稀疏阵列是三种稀疏阵列中唯一不牺牲阵元数量的稀疏方案，只是对通道进行了稀疏。但是由于子阵内部阵元统一馈电，因此需要额外设计功分器，加大了馈电网络的设计压力。

5.3.4 设计实例

本节介绍了一个子阵稀疏阵列的设计实例，整阵规模为 512 天线单元，并采用可扩展方式生成最终拓扑，其中一个子阵包含两个天线单元，两个天线单元由共同的有源通道激励。在不调幅并按照单元位置配相的常规激励方式下，该阵列可实现 $\pm 45°$ 的扫描范围，副瓣均在 -10 dB 以下。由于拓扑优化与天线单元形式无关，因此本节内容不涉及具体单元设计。

对大规模阵列而言，直接优化将消耗大量算力，为了减弱复杂度，并赋予子阵稀疏阵列可扩展性，本设计选择模块化拼接的方式生成 512 单元的阵列。首先优化出 8×8 单元的子阵模块，如图 5-41 中的第一幅图所示，更大规模的阵面则都源于该 8×8 模块。若直接拼接则带来了周期性，容易导致副瓣抬升，为了进一步破坏周期性来消除栅瓣，子阵进行 90°、180°、270° 旋转，生成四种形式的子阵，大规模阵面由 8×8 子阵及其旋转后的子阵拼接而成。

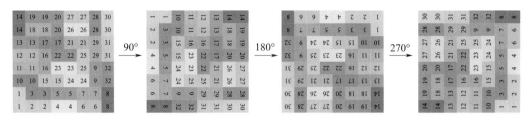

图 5-41　旋转得到的四种子阵拓扑

子阵内部拓扑采取遗传算法优化得到，约束条件为副瓣和增益要求。子阵间的旋转角度采用同样的方法进行优化。一个由 512 阵元组成的阵列，包含 8 个子阵，如图5-42 所示。图 5-43 展示了该阵列在 E 面和 H 面的方向图。

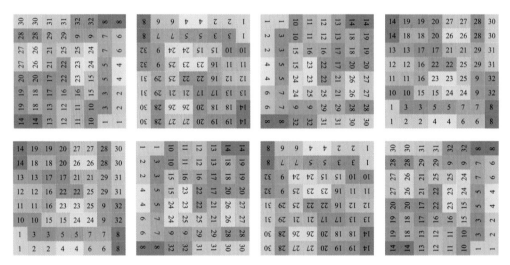

图 5-42　8 个模块拼接而成的大规模阵列

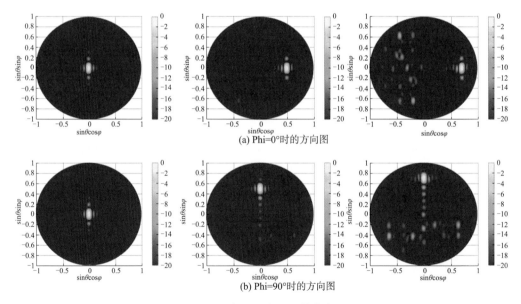

(a) Phi=0°时的方向图

(b) Phi=90°时的方向图

图 5-43　在 E 面和 H 面的方向图

参 考 文 献

［1］ 李滢. 基于单贴片的圆极化可重构导航天线研究与设计［D］. 北京：北京邮电大学，2018.

［2］ Nakamura T and Fukusako T. Broadband design of circularly polarized microstrip patch antenna using artificial ground structure with rectangular unit cells［J］. IEEE Transactions on Antennas and Propagation，2011，59（6）：2103 − 2110.

［3］ Nasimuddin，Anjani Y S and Alphones A. A wide − beam circularly polarized asymmetric − microstrip antenna［J］. IEEE Transactions on Antennas and Propagation，2015，63（8）：3764 − 3768.

［4］ Gan Z，Tu Z − H，Xie Z − M，et al. Compact wideband circularly polarized microstrip antenna array for 45 GHz application［J］. IEEE Transactions on Antennas and Propagation，2018，66（11）：6388 − 6392.

［5］ 钟顺时，天线理论与技术［M］. 北京：电子工业出版社，2015：300 − 305.

［6］ Aljuhani A H，Kanar T，Zihir S，et al. A 256 − element Ku − band polarization agile SATCOM receive phased array with wide − angle scanning and high polarization purity［J］. IEEE Transactions on Microwave Theory and Techniques，2021，69（5）：2609 − 2628.

［7］ Low K K W，Kanar T，Zihir S，et al. A 17.7 − 20.2 − GHz 1024 − element K − band SATCOM phased − array receiver with 8.1 − dB/K G/T，±70° beam scanning，and high transmit isolation［J］. IEEE Transactions on Microwave Theory and Techniques，2022，70（3）：1769 − 1778.

［8］ 李杰超. 双极化宽带平面集成相控阵天线研究［D］. 成都：电子科技大学，2022.

［9］ Yu L，Wan J，Zhang K，Teng F，Lei L，and Liu Y. Spaceborne Multibeam Phased Array Antennas for Satellite Communications［J］. IEEE Aerospace and Electronic Systems Magazine，2023，38（3）：28 − 47.

［10］ Li J C，Cheng Y J，Wang X T and Xie J X，Low − profile，ultra − wideband and wide − scanning phased array antenna with co − designed radiation and scattering characteristics，2021 International Conference on Microwave and Millimeter Wave Technology（ICMMT），Nanjing，China，2021，pp. 1 − 3.

［11］ Xu L，Wan Y，and Yu D. Research of dual − band dual circularly polarized wide − angle scanning phased array［C］. 2019 IEEE 2nd International Conference on Automation，Electronics and Electrical Engineering（AUTEEE），Shenyang，China，2019.

［12］ Liu Y，Yue Z，Jia Y，Xu Y，and Xue Q. Dual − band dual − circularly polarized antenna array with printed ridge gap wave − guide［J］. IEEE Transactions on Antennas and Propagation，2021，69（8）：5118 − 5123.

［13］ Guo Z J，Hao Z C，Yin H Y，Sun D M，and Luo G Q. Planar shared‐aperture array antenna with a high isolation for millimeter‐wave Low Earth Orbit satellite communication system［J］. IEEE Transactions on Antennas and Propagation，2021，69 (11)：7582‐7592.

［14］ Sandhu A I，Arnieri E，Amendola G，Boccia L，Meniconi E，and Ziegler V. Radiating elements for shared aperture Tx/Rx phased arrays at K/Ka band［J］. IEEE Transactions on Antennas and Propagation，2016，64 (6)：2270‐2282.

［15］ Ding Y R，Cheng Y J，Sun J X，Wang L，and Li T J. Dual‐band shared‐aperture two‐dimensional phased array antenna with wide bandwidth of 25. 0％ and 11. 4％ at Ku‐ and Ka‐Band ［J］. IEEE Transactions on Antennas and Propagation，2022，70 (9)：7468‐7477.

［16］ Hao R S，Zhang J F，Jin S C，Liu D G，Li T J，and Cheng Y J. K‐/Ka‐Band shared‐aperture phased array with wide bandwidth and wide beam coverage for LEO satellite communication ［J］. IEEE Transactions on Antennas and Propagation，2023，71 (1)：672‐680.

［17］ R L Haupt，J J Menozzi and C J McCormack. Thinned arrays using genetic algorithms ［C］. Proceedings of IEEE Antennas and Propagation Society International Symposium，Ann Arbor，MI，USA，1993，pp. 712‐715 vol. 2.

［18］ W P M N Keizer. Linear Array Thinning Using Iterative FFT Techniques ［J］. IEEE Transactions on Antennas and Propagation，vol. 56，no. 8，pp. 2757‐2760，Aug. 2008，doi：10. 1109/TAP. 2008.927580.

［19］ W P M N Keizer. Large Planar Array Thinning Using Iterative FFT Techniques ［J］. IEEE Transactions on Antennas and Propagation，vol. 57，no. 10，pp. 3359‐3362，Oct. 2009.

［20］ G Kwon，J Park，D Kim and K C Hwang. Optimization of a Shared‐Aperture Dual‐Band Transmitting/Receiving Array Antenna for Radar Applications ［J］. IEEE Transactions on Antennas and Propagation，vol. 65，no. 12，pp. 7038‐7051.

［21］ K Chen，Z He and C Han. A modified real GA for the sparse linear array synthesis with multiple constraints ［J］. IEEE Transactions on Antennas and Propagation，vol. 54，no. 7，pp. 2169‐2173，July 2006，doi：10. 1109/TAP. 2006. 877211.

［22］ K Chen，X Yun，Z He and C Han. Synthesis of Sparse Planar Arrays Using Modified Real Genetic Algorithm ［J］. IEEE Transactions on Antennas and Propagation，vol. 55，no. 4，pp. 1067‐1073.

［23］ J Diao，J W Kunzler and K F Warnick. Sidelobe Level and Aperture Efficiency Optimization for Tiled Aperiodic Array Antennas. IEEE Transactions on Antennas and Propagation，vol. 65，no. 12，pp. 7083‐7090.

［24］ P Rocca，M A Hannan，L Poli，N Anselmi，and A Massa. Optimal phase‐matching strategy for beam scanning of sub‐arrayed phased arrays ［J］. IEEE Trans. Antennas Propag.，vol. 67，no. 2，pp. 951‐959，Feb. 2019.

［25］ P Rocca，L Poli，P Polo，and A Massa. Optimal excitation matching strategy for sub‐arrayed phased linear arrays generating arbitrary shaped beams ［J］. IEEE Transactions on Antennas and Propagation，vol. 62，no. 4，pp. 1738‐1749，Apr. 2014.

［26］ U Nickel. Subarray configurations for digital beamforming with low sidelobes and adaptive interference suppression ［C］. Proceedings of the IEEE International Radar Conference，pp. 714‐719，Alexandria，Egypt，May 1995.

［27］　Z－Y Xiong，Z－H Xu，L Zhang，and S－P Xiao. Cluster analysis for the synthesis of subarrayed monopulse antennas ［J］. IEEE Transactions on Antennas and Propagation，vol. 62，no. 4，pp. 1738－1749，Apr. 2014.

［28］　Y V Krivosheev，A V Shishlov，and V V Denisenko. Grating lobe suppression in aperiodic phased array antennas composed of periodic subarrays with large element spacing ［J］. IEEE Transactions on Antennas and Propagation，vol. 57，no. 1，pp. 76－85，Feb. 2015.

［29］　余雷，吴揭海，周丽. 宽带瓦片式 T/R 组件的设计与实现 ［J］. 电子信息对抗术，2020，35（01）：68－71.

［30］　R J Mailloux，S G Santarelli，T M Roberts，and D Luu. Irregular polyomino－shaped subarrays for space－based active arrays ［J］. Int. J. Antennas Propag.，vol. 2009，Jan. 2009，Art. no. 956524.

［31］　P Rocca，R J Mailloux，and G Toso GA－based optimization of irregular subarray layouts for wideband phased arrays design ［J］. IEEE Antennas Wireless Propag. Lett.，vol. 14，pp. 131－134，2015.

［32］　Salucci M，Gottardi G，Anselmi N，et al. Planar thinned array design by hybrid analytical stochastic optimisation ［J］. IET Microwaves，Antennas & Propagation，2017，11（13）：1841－5.

第 6 章　射频组件芯片

　　相控阵技术已在雷达、通信、电子战等军事应用场景应用长达半个世纪，但传统采用Ⅲ-Ⅴ族的 T/R 组件由于采用分立组装导致体积大且价格高昂，难以适用于大规模商业化应用的民用场景[1-3]。如图 6-1 所示，以相控阵雷达用收发组件为例，每个组件可单独完成信号放大、收发切换和幅相控制等功能。在硅基技术应用于收发组件之前，通常由环形器、低噪声放大器、功率放大器、多功能芯片、波控芯片、电源调制芯片、功分器芯片等多种器件组成，往往体积大、功耗大和成本高，这大大限制了相控阵雷达的应用推广[4]。

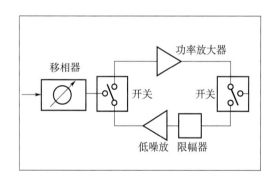

传统T/R组件框图

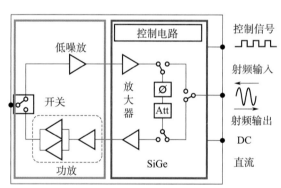

基于硅基技术的两片式T/R组件框图

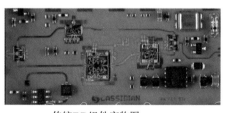

传统T/R组件实物图

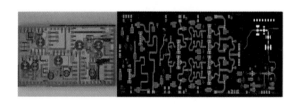

基于硅基技术的两片式T/R组件实物图

图 6-1　T/R 组件发展路线图

图 6-1 给出了典型的 T/R 组件发展路线图。传统的 T/R 组件核心器件基本采用化合物半导体制造且功能较为单一，这样的方案不能满足新型相控阵对于小型化、低功耗、经济性的需求。当硅基工艺引入 T/R 组件后，系统中小信号处理功能和数字逻辑控制功能都可以集成在一片集成电路上，显著降低了 T/R 组件的体积和成本，同时也使相控阵技术走向民用成为可能[5]。

采用硅基工艺制造多通道相控阵芯片已成为低成本相控阵天线应用主流方案，未来将朝着更高工作频率、更多通道数量集成和更多波束数量集成的方向发展，但仍然面临一定挑战，主要体现在以下几方面：

1）硅基工艺在发射输出功率和发射效率等参数上还有待提高，过低的发射效率将导致天线面临极大的散热压力；

2）随着工作频率的上升，射频通道天线阵元之间的间距越来越小，这对硅基芯片的小型化设计形成了挑战；

3）随着对单片集成多个波束提出需求，模拟多波束之间的隔离设计尤为关键，需要进一步研究片上隔离设计技术。

6.1　毫米波芯片制造工艺

国内外射频集成电路加工工艺可以分为：硅基半导体工艺和Ⅲ-Ⅴ族化合物半导体工艺，如图 6-2 所示。主流的硅基半导体工艺包括：SiGe BiCMOS 工艺、数字 CMOS 工艺、RF CMOS 工艺和 SOI 工艺等[6]。

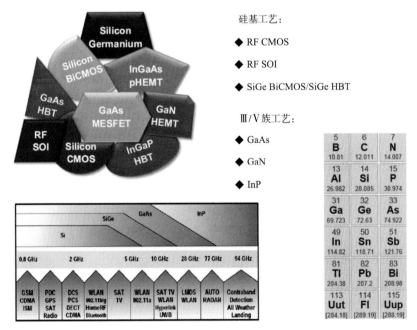

图 6-2　射频集成电路工艺简介

砷化镓（GaAs）号称第二代半导体材料，具有禁带宽度大和饱和电子速率高的特点，磷化铟（InP）同样具有禁带宽度大和饱和电子速率高的特点，特别适合于光电器件应用，但其衬底易碎、加工难度大。氮化镓（GaN）号称第三代半导体材料，其禁带宽度更宽、饱和电子速率更高，还具有更高的临界击穿电场。化合物半导体广泛应用于通信基站射频前端和军用场合。

表 6-1 对比了硅基工艺与 Ⅲ-Ⅴ 族化合物半导体工艺的特性。如表 6-1 所示，虽然硅基工艺在禁带宽度、电子迁移率、饱和电子速率、击穿场和二维电子气密度等性能方面低于 GaAs 和 GaN 工艺，但是硅基工艺能将射频通道、频率合成器、数字控制、数模转换器等单元集成在一个硅片上，具有集成度高、一致性好、成本低等特点。因此，目前民用射频集成电路市场绝大部分采用硅基工艺进行电路设计。与 RF CMOS 工艺相比，SiGe BiCMOS 工艺既拥有硅工艺的性能指标、集成度、良品率和成本等优势，又具备化合物半导体（GaAs、InP）高截止频率方面的优点，被广泛应用于射频收发机系统设计，特别是军用射频收发系统和行业应用高端多功能芯片中。

表 6-1 硅基工艺与 Ⅲ-Ⅴ 族化合物半导体工艺特性对比

材料	禁带宽度/eV	电子迁移率/ $[cm^2/(V \cdot s)]$	饱和电子速率/ $(10^7 cm/s)$	击穿场/ (MV/cm)	热导率/ $[W/(cm \cdot K)]$	二维电子气密度/cm^{-2}
Si	1.1	600	1	0.4	1.5	0
GaAs	1.4	6 000	2	0.5	0.5	2×10^{12}
GaN	3.4	2 000	2.8	3.3	1.3	$(1 \sim 5) \times 10^{13}$

异质结双极晶体管（HBT）是一种电流方向垂直于器件表面的双极型器件[7]，如图 6-3 所示，器件速度由外延层的厚度和掺杂水平决定，横向尺寸对速度的影响相对较小，对光刻的要求比较低。CMOS 和 SOI 工艺器件电流方向平行于器件表面，栅长决定器件的速度，要缩短横向传输时间就必须采用先进的光刻工艺来减小栅长度。

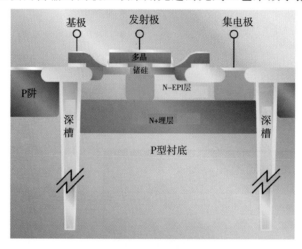

图 6-3 HBT 剖面图

异质结双极晶体管是双极型器件，输出电流与输入电压呈指数关系，并且电流密度较高，跨导（gm）高，驱动能力也强。CMOS 和 SOI 工艺器件输出电流与输入电压呈线性关系，跨导通常只有 HBT 的十分之一左右，在实际的电路中，受寄生电感和电阻负载影响，其性能比 SiGe HBT 器件下降很多。图 6-4 所示为 MOS 剖面图；图 6-5 所示为基于 SOI 工艺的 MOS 剖面图。

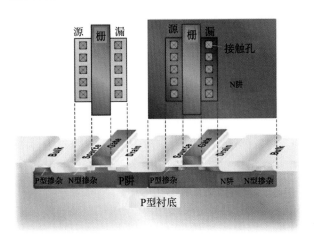

图 6-4　MOS 剖面图

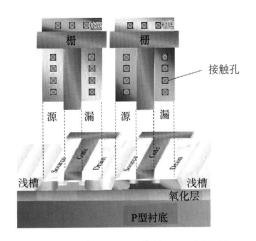

图 6-5　基于 SOI 工艺的 MOS 剖面图

HBT 器件的电流垂直流过异质结界面，界面陷阱效应小，其 $1/f$ 噪声更低，CMOS 和 SOI 器件在高频电路中的 $1/f$ 噪声随着节点的缩小，变得越来越严重。

表 6-2 是三种典型射频集成电路工艺参数对比表，SiGe BiCMOS 工艺和 CMOS 工艺具有高集成度和低成本的优势，其中 SiGe BiCMOS 工艺的截止频率（f_{max}）可以达到 500 GHz 以上，但是受限于其较低的耐压能力，发射输出功率受到了限制；GaAs 工艺具有较高的电子迁移率和耐压能力，适合制造高频高功率器件，但其成本较高。

表 6-2 三种典型射频集成电路工艺参数对比表

工艺类型	$f_{\max}$ /GHz	$F_t * BV$ /V·GHz	复杂度	成本
SiGe BiCMOS	500 GHz	500	高	低
CMOS/CMOS SOI	300 GHz	300	高	低
GaAs	600 GHz	2000	低	高

6.2 硅基毫米波芯片工艺

随着半导体制造技术向深亚微米技术发展，全球半导体工业呈现超越摩尔定律的新趋势（More-than-Moore），硅基有源器件特征频率开始进入毫米波与太赫兹频段，使得采用硅基实现单片信号采集与处理成为可能。从 RFIC 的应用角度来看，技术发展趋势主要是以各种无线通信、个人娱乐、卫星导航、多媒体等应用领域的专用技术为主，不断向低功耗、低成本、高性能、多功能、微系统集成发展；主要发展趋势如下：

1）更高的工作频率：主流产品采用 $0.13\sim0.35~\mu m$ SiGe BiCMOS 工艺、65 nm 以下的 RF CMOS 工艺，最高工作频率达到 60 GHz 以上。

2）更多的功能集成：集成了接收机、发射机、频综、ADC、DAC、温度传感器、LDO、放大器、基带处理功能等。

3）更高的性能指标：对动态范围、噪声系数、功耗、信号带宽等指标提出了更高的要求。

根据经验，集成电路的最高工作频率可达到 $(1/10\sim1/5)f_{\max}$，而 $f_{\max}$ 与特征频率（F_t）的关系为 $f_{\max}=(1\sim4)F_t$[8]。以 F_t 为 300 GHz 的 SiGe BiCMOS 工艺为例，其 $f_{\max}$ 为 400~500 GHz，以该工艺平台开发的射频集成电路最高工作频率可达 40~100 GHz，可覆盖现有大部分无线通信频段。

硅基工艺与化合物半导体比较具有如下优势：

1）硅基工艺能集成复杂的数字逻辑电路，可有效减小系统面积；

2）硅基工艺一致性及成品率优于化合物半导体；

3）硅基工艺具备了 RF、AD/DA 和基带全集成的能力；

4）硅基工艺可以集成多个通道，通过功率合成提供与化合物半导体相当的功率输出能力；

5）硅基电路成本低于化合物半导体电路。

图 6-6 是 CMOS 工艺与 SiGe 工艺晶体管特征频率和最高工作频率对比曲线。在硅基工艺中，SiGe BiCMOS 工艺既拥有 RF CMOS 工艺的集成度、良品率和成本等优势，又具备化合物半导体（GaAs、InP）速度方面的优点。SiGe 器件的动态范围（$BV_{CEO} * F_t$）大于等效 RF CMOS 节点的动态范围，SiGe 器件交流工作电压可以超过 BV_{CEO}，以 BV_{CBO} 作为工作极限电压，考虑到射频性能和长期可靠性要求，SiGe 工艺是高可靠射频收发通道与微波毫米波集成电路重要选项。与 RF CMOS 工艺相比，SiGe BiCMOS 具有如下优势：

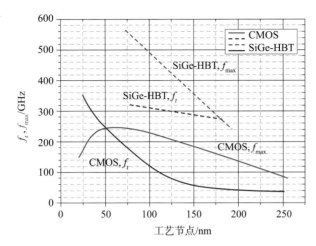

图 6-6　CMOS 与 SiGe-HBT 工艺 f_t 与 f_{max} 对比曲线图

1）截止频率更高，SiGe BiCMOS 工艺截止频率领先 RF CMOS 工艺两代；更高的截止频率意味着更高的设计余量、更低的功耗、更低的温度波动性。

2）耐压能力更高，以达到 200 GHz 截止频率为例，0.18 μm NPN 管 BV_{CEO} 为 1.8 V，而 40 nm RF CMOS 工艺 BV_{DS} 仅为 1.1 V；

3）噪声系数更低、输出功率更高；

4）更低的研发成本，相同截止频率的 SiGe BiCMOS 工艺与 RF CMOS 工艺相比，投片成本更低。

综上所述，SiGe BiCMOS 工艺在截止频率、耐压能力、输出能力、研发成本等方面均优于 RF CMOS 工艺，但 RF CMOS 工艺在规模化量产后成本具有一定优势。

近年来，RF SOI 工艺由于其优异的开关和低噪声性能得到了越来越多的关注。据国内外相关报道，采用 RF SOI 工艺可以实现与 SiGe 工艺相当的射频性能，且具备集成高线性开关和高功率限幅器的优势，设计者可根据应用场景选择 SiGe、RF SOI 和 CMOS 工艺开展具体的设计工作。

针对 Ku/Ka/V 频段宽带卫星通信相控阵芯片需求，首先需要确定工艺类型，其次明确工艺变量、工作电压、最高工作频率、特征尺寸、金属层次等基本信息，接着确定能否提供所需的特殊器件及 IP 单元等，最后在工艺的选择上，重点考虑工艺稳定性、良品率、成本，以及与芯片集成的商用化需求。SiGe BiCMOS 工艺的特点是价格低廉，易于集成，适应未来商用产品低成本、单芯片集成的需求。从 2000 年左右开始，SiGe BiCMOS 以其大规模生产能力、高集成度和不断发展的工艺水平等突出优点，逐渐成为高频芯片设计和制造的主流工艺。

由于 Ku/Ka/V 频段宽带卫星通信相控阵芯片属于宽带射频电路，因此在选择工艺时需要评估代工厂提供的 PDK 中相关的工艺参数、器件统计特性、工艺加工的器件失配性能及器件模型参数、单元库，然后对该工艺集成的 MOS 晶体管、MOS 电容、金属电容、平面电感、变容二极管、多晶电阻等器件进行全面评估。

6.3 硅基毫米波移相器设计

6.3.1 波束赋形方案架构

毫米波通信需要采用波束赋形技术，该技术可通过在射频通道移相、本振移相、基带移相和数字移相来实现[9]，其中射频通道移相方案采用数控移相器在射频收发通道进行高精度相位控制，如图6-7所示。由于射频通道移相方案所需单元数量最少，因此该方案常用于模拟相控阵领域，特别是在毫米波频段，更容易采用硅基工艺对数控移相器进行大规模集成，这是射频通道移相方案最大的优势。

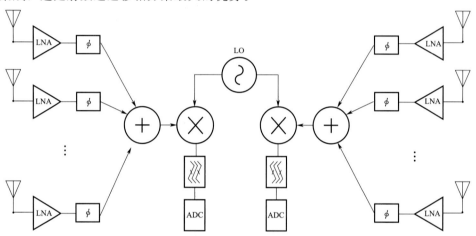

图6-7 射频通道移相方案架构图

相控阵雷达工作在较低的工作频率，特别是1 GHz以内一般需要较高的发射功率和较大接收动态范围，因此一般采用传统MMIC集成方案进行组件设计，但采用无源数控移相器（太多的片上电感）进行片上集成面临体积过大和成本高昂的问题，此时有源移相器可以提供一种小型化集成的方案，但同时也面临线性度较低的问题；射频移相方案的另一种优势是干扰信号可以在功率合成器之前被抵消，这就大大降低了用于抑制本振信号产生非线性信号的难度，但是射频移相方案也有相应的缺点，主要体现数控移相器引入的噪声和非线性降低了射频通道的动态范围，这就对前端低噪声放大器的噪声系统提出了更高要求。

本振移相方案是指在本地振荡器产生/分配支路进行移相的电路结构，如图6-8所示，这种方案可以降低射频通道的复杂性和改善射频通道的性能，但由于需要对每个通道的本振信号进行移相，因此需要庞大的本振分配网络和耗费大量功耗，同时也需要对本振信号I/Q非平衡进行校准，这也增加了系统的复杂性。

中频移相方案是指在下变频后进行功率合成，然后在中频电路中进行移相的方案，如图6-9所示。这种方案会引入一定的信号延迟，会增加系统的传输延迟。

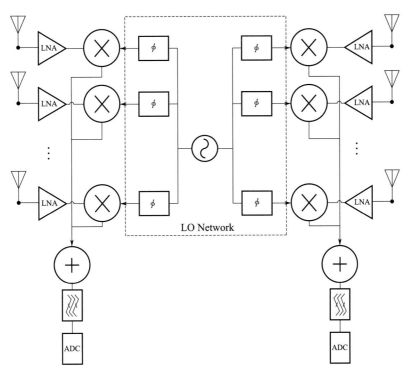

图 6 - 8　本振移相方案架构图

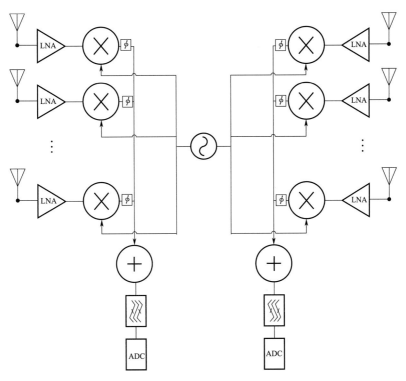

图 6 - 9　中频移相方案架构图

数字移相方案是指将信号的相位控制功能采用 FPGA 模块实现，如图 6 - 10 所示。这种方案主要用于工作频段较低或难于集成射频移相器的场合，具有射频通道简单、移相精度高和可灵活配置的优点，主要缺点是每个通道都需要一个 ADC 或 DAC，这极大地增加了系统的功耗和成本[10]。

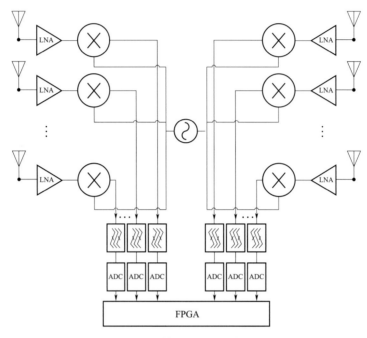

图 6 - 10 数字移相方案架构图

6.3.2 射频移相电路

射频移相器是相控阵天线单元中核心的器件之一，它可采用无源电路和有源电路实现，设计者可通过对单元面积、插入损耗、线性度、功耗等参数的折中选择最适合系统的电路结构。常用的射频移相器结构主要有反射型移相器、无源 LC 移相器、有源矢量调制器等[11-13]，硅基移相技术如图 6 - 11 所示。表 6 - 3 所示为移相技术方案优势对比。

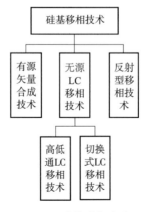

图 6 - 11 硅基移相方案图

表 6 - 3　移相技术方案优势对比表

移相技术方案	线性度	带宽	噪声系数	功耗	增益
反射型移相技术	中	高	低	低	低
无源 LC 型移相器 （高低通 LC 移相技术）	高	中	中	低	低
无源 LC 型移相器 （切换式 LC 移相技术）	高	低	中	低	低
有源矢量合成技术	低	高	中	高	高

（1）反射型移相器

硅基毫米波相控阵芯片内部集成了多个收发通道，传统的应用方案采用 5.625°单元、11.25°单元、22.5°单元、45°单元、90°单元、180°单元串联的方式实现 360°范围移相功能，但这不仅会提高系统方案的复杂程度，还会使芯片的体积和插入损耗变大。采用高精度反射式数控移相器设计技术可体现两个优势：一是大大降低插入损耗；另一个是大大降低芯片面积。反射式数控移相器的寄生调幅极小，这将进一步提升芯片的性能。

反射型移相器由一个兰格耦合器和两个反射型负载构成，通过调整负载的阻抗值可以使得相位产生变化。反射型移相器和其他无源移相器相比有特殊的优势，包括线性的相位变化、极小的面积和较低的插入损耗，其电路结构如图 6 - 12 所示。

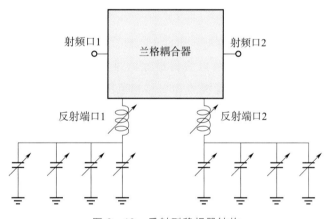

图 6 - 12　反射型移相器结构

常用的反射型负载由电感和可变电容组成，假设兰格耦合器的特征阻抗是 Z_0，对于特定的反射型负载阻抗如下所示

$$Z_L = \mathrm{j}wL + \frac{1}{\mathrm{j}wC} \tag{6-1}$$

相位主要由反射系数决定

$$\tau = \frac{Z_L - Z_0}{Z_L + Z_0} \tag{6-2}$$

$$\phi = \angle\tau = \pm\pi - 2\tan^{-1}\left(\frac{wL - \dfrac{1}{wC}}{Z_0}\right) \qquad (6-3)$$

由式（6-3）可以看出，通过调整电容（C）或者电感（L）的值可以使相位 ϕ 发生变化。因此，移相的范围由电容或电感调整的范围决定。由于在硅基工艺上实现可调电感的难度非常大，因此通常采用可调电容来实现阻抗的调整。可变电容是一种可集成在片上的电容器件，其特点是电容值随两个端口电压差变化而变化，其容值与端口电压变化关系如图 6-13 所示，利用可变电容阵列两端电压跟电容的关系实现电容容值的控制，进而实现反射型移相器相位的变化。

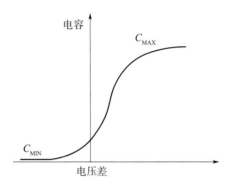

图 6-13　片上可变电容容值随偏置电压变化的关系

常用的反射型负载包括可调电容型、串联 LC 型、单级 LCC 型和两级 LCC 型等类型，如图 6-14 所示。可调电容型负载可以获得最宽的带宽，但是相位调整范围最窄，两级 LCC 型负载可以达到最宽的相移甚至覆盖 360° 移相范围，但带宽最窄。

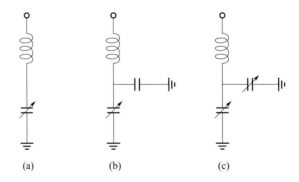

图 6-14　反射型负载原理图

（2）无源 LC 型移相器

无源网络例如电感和电容构成的 T 型或者 PI 型网络可以产生宽带相位移动，其特点是线性度高和无功耗，但也面临体积大和插损大的难点。目前此类型的数控移相器主要应用于 X 频段以下的相控阵收发芯片中，在毫米波频段由于体积和插损的上升使得通道整体性能下降，因此更偏向于采用矢量调制器方案和反射型移相器方案。

图 6-15 给出了 PI 型和 T 型网络和对应理论电感值的推导公式，采用 PI 和 T 型网络能实现 ±90° 以内的宽带相移，不同的结构其带宽、插损和反射系数都不同，在毫米波频段，由于电感的 Q 值较低，因此尽量采用 T 型低通和 PI 型高通结构实现移相。

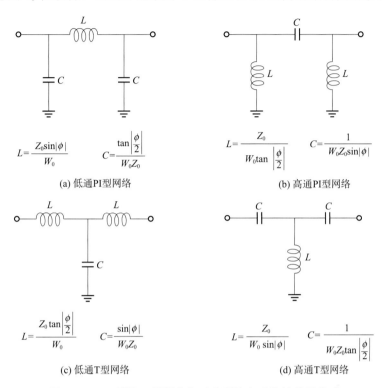

$$L = \frac{Z_0 \sin|\phi|}{W_0} \qquad C = \frac{\tan\left|\frac{\phi}{2}\right|}{W_0 Z_0}$$

(a) 低通PI型网络

$$L = \frac{Z_0}{W_0 \tan\left|\frac{\phi}{2}\right|} \qquad C = \frac{1}{W_0 Z_0 \sin|\phi|}$$

(b) 高通PI型网络

$$L = \frac{Z_0 \tan\left|\frac{\phi}{2}\right|}{W_0} \qquad C = \frac{\sin|\phi|}{W_0 Z_0}$$

(c) 低通T型网络

$$L = \frac{Z_0}{W_0 \sin|\phi|} \qquad C = \frac{1}{W_0 Z_0 \tan\left|\frac{\phi}{2}\right|}$$

(d) 高通T型网络

图 6-15　PI 型和 T 型网络和对应理论电感值的推导公式

在网络切换上，通常选择切换式网络和选择式网络，如图 6-16 所示，其中切换式网络将开关嵌入 T 型网络中，插入损耗较低，但是开关的寄生电容容易影响电感和电容的值，进而影响移相精度；选择式结构采用两级 SPDT 进行滤波网络切换，由于开关和滤波网络都是单独匹配，因此设计较为简单，常用于宽带高线性数控移相器中。

图 6-17 所示为 5 位数控移相器原理图。

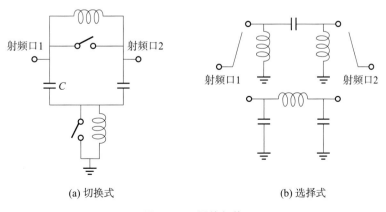

(a) 切换式　　　　　　　　　　　　(b) 选择式

图 6-16　网络切换

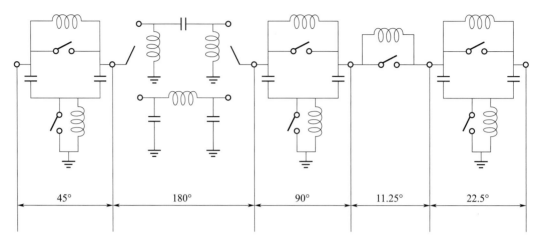

图 6-17　5 位数控移相器原理图

（3）有源矢量调制器

矢量调制器的作用是将正交移相网络产生的 I、Q 正交信号进行幅度调制并在输出端合成所需要的相位，每个通路上的控制电路由吉尔伯特单元与传输门组成的开关构成，在吉尔伯特单元中引入大电阻驱动的源极跟随器代替占用较大面积的平面螺旋电感，在满足电路性能的条件下，有效地降低了芯片的面积[14]。

矢量调制器单元包括正交信号产生器、矢量加法器、DAC 幅度控制电路及逻辑控制电路，其系统原理框图如图 6-18 所示。正交信号产生器将输入信号分解为幅度相等但相位相差 90°的两路正交信号（I 通路和 Q 通路），然后在 DAC 幅度控制电路及逻辑控制电路的控制下，利用全差分矢量加法器分别对 I 通路和 Q 通路的信号进行幅度控制，并将 I 信号和 Q 信号合成，最终生成差分输出信号。

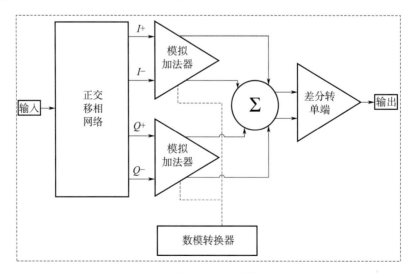

图 6-18　典型矢量调制器原理图

如图 6 - 19 所示，差分矢量合成器分为两个吉尔伯特单元，其中左半边通路控制了由正交移相网络产生的 I 路信号，右半边通路控制了由正交移相网络产生的 Q 路信号，然后 I 通路和 Q 通路产生的输出电流同时流入紧凑型巴伦进行差分信号转单端信号的工作，合成所要求的输出信号。M7、M8 和 M9、M10 分别由一组数控开关 S 和 SN 来控制。每一组数控开关由简单的双管结构组成，具有占用面积小、易于控制的优点。图 6 - 19 中的控制信号 SIN、SQN 的状态与 SI、SQ 的状态相反。通过切换开关的工作状态来改变输出信号的状态，使输出信号分别位于四个不同的象限，其移相范围分别为 $0 \sim 90°$、$90° \sim 180°$、$180° \sim 270°$ 和 $270° \sim 360°$。

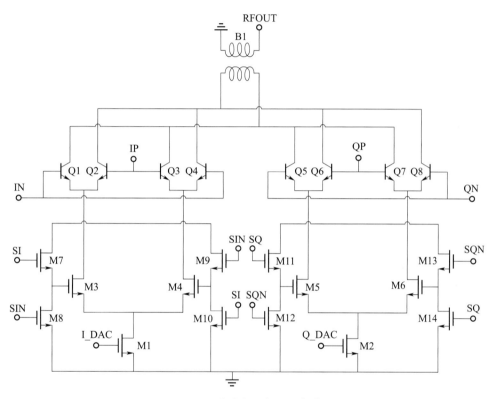

图 6 - 19　差分矢量加法器电路图

6.4　卫通接收芯片设计

采用硅基工艺设计宽带卫星通信和 5G 毫米波相控阵收发芯片已经成为行业共识。相比于 CMOS 工艺，SiGe 工艺具有噪声系数低、输出功率高的优点；基于此，本节所设计的接收芯片采用 0.13 μm SiGe BiCMOS 工艺，该工艺提供的高速管具有大于 200 GHz 的截止频率，可以满足 K、Ka 频段宽带卫星通信的应用需求（图 6 - 20）。

对于毫米波集成电路设计，射频接地和馈电设计对电路性能影响巨大，本方案采用顶

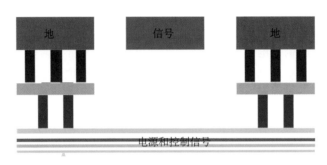

图 6-20　0.13 μm SiGe BiCMOS 工艺 CPWG 构造

层金属作信号线，第四层金属接地，第一层至第三层金属用于电源布线和控制布线，可以提供较为良好的接地和电源馈电。

在电路架构设计方面，方案中每个通道需集成一个移相器，该单元可以采用无源 LC 移相、反射型移相、有源矢量合成移相等结构。其中无源 LC 移相具有低功耗、高线性的特点，但是其占用芯片面积较大；反射型移相器主要应用在微波频段；有源矢量合成移相器具有带宽宽、移相精度高、面积小等优点，其原理是利用对正交信号的幅度进行精确调控，使得信号合成后的相位随控制信号保持均匀变化。

采用基于矢量合成的有源移相器的卫星通信接收芯片结构框图如图 6-21 所示，单片集成了 8 个接收通道，每个通道由驱动放大器、低噪声放大器、衰减器、移相器和功率合成器组成。与现有 GaAs 和 CMOS 多片组合的方案相比，本设计方案具有射频性能好、体积小、功耗低并且成本低的优势。

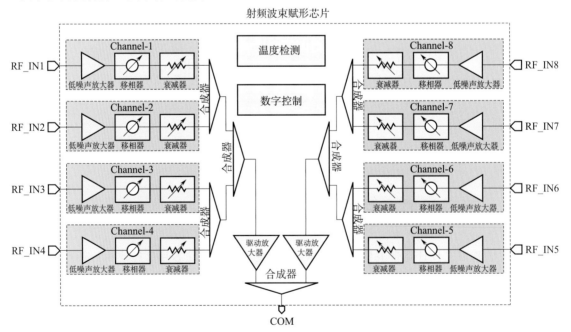

图 6-21　卫星通信接收芯片结构框图

6.4.1　低噪声可变增益放大器设计

传统的宽带卫星接收机需要采用片外 GaAs 低噪声放大器以实现小于 2 dB 的噪声系数。由于硅基工艺的发展，在 20 GHz 处实现高性能单片集成的低噪声放大器成为可能。本设计方案采用高速 NPN 管和 Cascade 结构实现极低的噪声系数、较高的前级增益和较低的功耗。

图 6-22 是低噪声放大器原理图，图 6-22 中低噪声放大器由两级构成，第一级为 Cascade 放大器，第二级为差分放大器，其中第一级主要用于实现低噪声放大，第二级用于提供较高的增益和实现精确的增益控制。

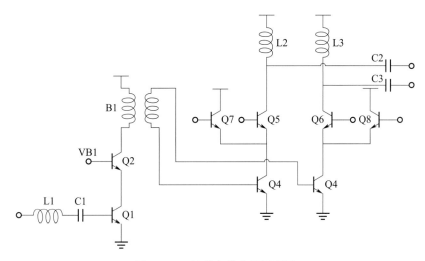

图 6-22　低噪声放大器原理图

图 6-23 给出了低噪声放大器的第一级电路图。由于第一级低噪声放大器需要实现极低的噪声系数，除了噪声匹配、电流密度分析等传统设计以外，版图设计尤为关键，与其他设计不同，本例版图设计上做了以下几点优化：1）输入匹配电感进行高 Q 值设计；2）晶体管基极需实现极低寄生电阻，采用环形的基极连接可以有效降低噪声系数；3）发射极反馈电感的 Q 值也对噪声系数有影响，采用 CPWG 微带线结构不仅可以提供高 Q 值等效电感，还可以提供完整接地平面。在考虑以上几点设计的情况下，本方案的第一级放大器可以实现大于 10 dB 的增益和小于 1.6 dB 的噪声系数。

晶体管基极寄生电阻对低噪声放大器噪声系数影响巨大，基极的环形连接可以降低射频走线寄生电阻，图 6-24 是低噪声放大器晶体管版图设计 3D 示意图，图中基极采用顶层金属环形走线，四个脚采用通孔引入到 M1，然后通过 M1 接入到四个晶体管的基极，通过仿真验证此走线方法可以至少降低 0.2 dB 噪声系数，有利于实现高性能低噪声放大器。

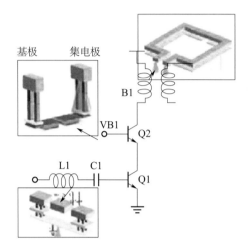

图 6‑23　低噪声放大器电路图

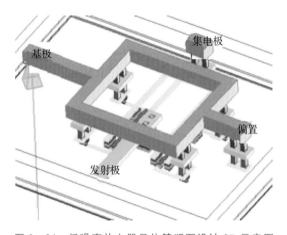

图 6‑24　低噪声放大器晶体管版图设计 3D 示意图

6.4.2　矢量调制器设计

矢量调制器广泛应用于毫米波相控阵电路中，其原理是对正交信号 I 路和 Q 路的幅度分别进行精确控制，然后通过信号合成达到移相的目的。

硅基矢量调制器与分离器件搭建的矢量合成器稍有不同，其原理框图如图 6‑25 所示，正交信号产生器产生四路相位正交、幅度相同的射频信号，模拟加法器用于将 I 路和 Q 路的信号进行合成，相位控制电路控制 I 路模拟加法器和 Q 路模拟加法器的幅度大小，进而控制相位的移动。

图 6‑26 是矢量调制移相功能示意图，其中正交的 I 信号和 Q 信号幅值相同，因此其合成后的相位为 $45°$，通过控制 I 路与 Q 路的幅值比例，可以得到 $0\sim360°$ 全态移相，采用 SiGe 或者 CMOS 工艺实现的矢量合成器具有体积小、功耗低、移相精度高的特点，非常适合集成于多通道相控阵收发芯片中。图 6‑27 给出了典型的矢量调制器版图，其中包括正交信号产生器、相位控制器和模拟加法器。

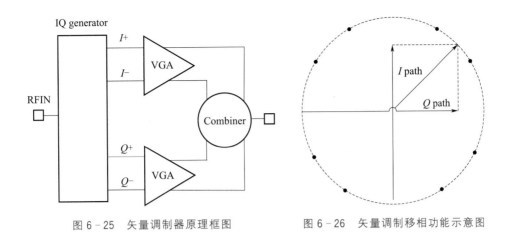

图 6‑25 矢量调制器原理框图　　　　图 6‑26 矢量调制移相功能示意图

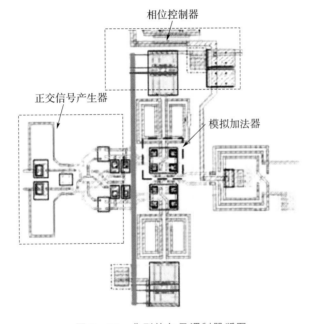

图 6‑27 典型的矢量调制器版图

6.4.3 低正交误差的移相网络设计

正交信号产生器是通信系统中重要的功能单元，例如在正交调制解调器中，正交信号用于抑制镜像信号，正交信号的优良将直接决定镜像信号的抑制程度；在基于矢量调制的有源移相器中，正交度将直接决定移相精度；有源移相器中使用的宽带正交移相单元要求在宽带范围内产生低相位误差与幅度误差的正交信号，以满足宽带多功能芯片对整体移相精度的要求[15]。

无源移相网络是用无源器件构成多相或者多级网络，来产生多路不同相位的矢量信号，这些信号具有相同的幅度，且相邻两输出信号的相位差相同。因此，使用四相网络可产生四路分别相差 90° 的信号。无源多相网络具有带宽大、稳定性好以及对工艺偏差和器件失配不敏感等优点，在宽带正交信号产生系统中得到广泛应用，本文设计工作频率接近20 GHz，有源矢量合成器的寄生参数将对正交信号产生器的输出信号产生较大干扰，因此通过优化正交信号产生器的结构来增加矢量调制器寄生电容抗干扰能力十分重要。

基于 LRC 的正交移相网络保证在宽带范围内提供极低的幅度与相位误差。宽带正交移相网络采用基于 LC 谐振的正交移相网络，该结构不仅能实现宽带正交移相，而且占用面积小。为了进一步优化宽带移相网络的特性，降低负载寄生参数对正交信号的影响，在原始 RLC 正交移相网络的基础上，增加 RS 电阻，共同组成改进型 RLC 正交移相网络，如图 6-28 所示，该网络可以大大降低负载电容对正交度的影响，从而提高移相精度[16]。

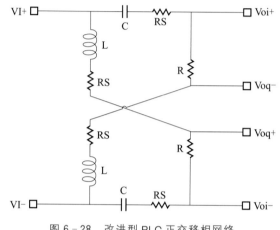

图 6-28　改进型 RLC 正交移相网络

由于正交移相网络的工作频率很高，且对寄生参数敏感；为了更加精确地预测其测试结果，采用电磁场仿真软件 Momentum 对正交移相网络进行仿真，经过电磁场仿真提取寄生参数，RLC 移相网络能对 90°相位误差有较大优化，仿真结果如图 6-29 和图 6-30 所示，在负载电容为 80fF 的情况下正交幅度误差为 0.8 dB，相位误差为 0.6°，满足高精度数控移相器的要求。

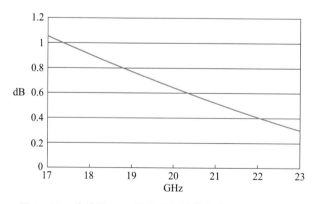

图 6-29　改进型 RLC 正交移相网络幅度误差仿真曲线

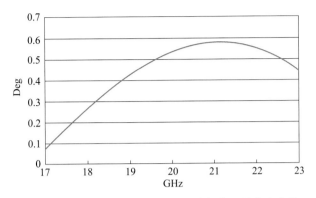

图 6-30　改进型 RLC 正交移相网络相位误差仿真曲线

6.4.4　8 通道接收芯片测试结果

本文采用 0.13 μm SiGe BiCMOS 工艺设计了一款 8 通道相控阵接收芯片，该芯片采用 WLCSP（Wafer Level Chip Scale Packaging）封装，芯片面积小于 6.05 mm×5.65 mm，封装实物图如图 6-31 所示。

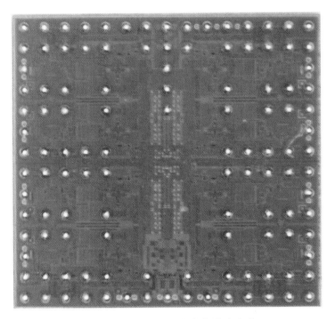

图 6-31　8 通道相控阵接收芯片实物图

图 6-32 给出了相控阵接收芯片的测试数据，从图中可知该芯片提供大于 25 dB 的增益（包含功率合成损耗），噪声系数小于 2.5 dB，RMS 衰减精度小于 0.35 dB，RMS 移相精度小于 3°。

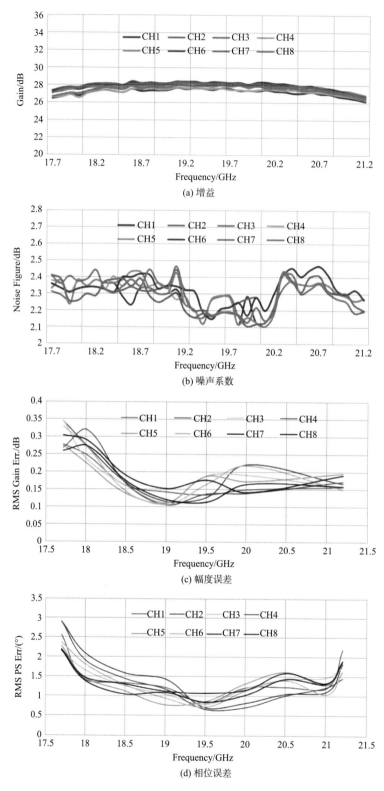

(a) 增益

(b) 噪声系数

(c) 幅度误差

(d) 相位误差

图 6-32 测试数据

6.5 卫通发射芯片设计

与接收芯片类似，本文提出的发射芯片采用基于矢量合成的有源移相器结构，其功能框图如图 6‑33 所示，单片集成了 8 个发射通道，每个通道由驱动放大器、功率分配器、数控移相器、数控衰减器组成，与现有 GaAs 和 CMOS 多片组合的方案相比，具有射频性能好、体积小、功耗低、成本低的优势。

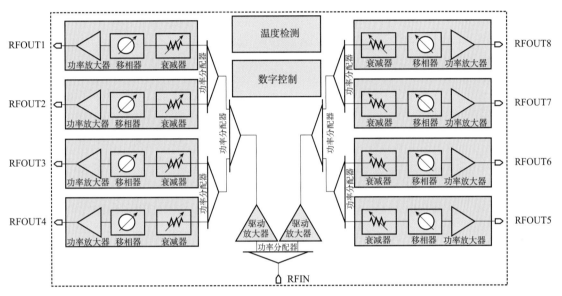

图 6‑33 8 通道相控阵发射芯片框图

6.5.1 低插损毫米波数控衰减器设计

在毫米频段，采用 MOS 的开关面临插损过大和寄生电容过大的问题，导致数控衰减器损耗过大、衰减寄生调相等问题，本章展示的发射芯片采用基于 NPN 晶体管的毫米波数字衰减器，其电路图如图 6‑34 所示。

图 6‑34（a）中 MOS 开关的寄生电容 C_{DB} 在毫米频段产生信号泄漏，对衰减器的插损影响较大，而（b）中晶体管发射极寄生电容较小，更适合毫米波频段工作，（c）中大步进衰减器 MOS 管寄生电容 C_{DB} 和 C_{SB} 会导致衰减相移，同时其导通电阻过大会增加插入损耗，而（d）中 NPN 晶体管具有更低的导通电阻和寄生电容，更适合大步进的高精度衰减和减小衰减下相移[17]。

图 6‑35 是数控衰减器整体电路框图，其中 0.5 dB、1 dB、2 dB 采用小步进衰减结构以实现最低插入损耗，4 dB 和 8 dB 采用大步进衰减结构以实现衰减范围和低的衰减附加相移。

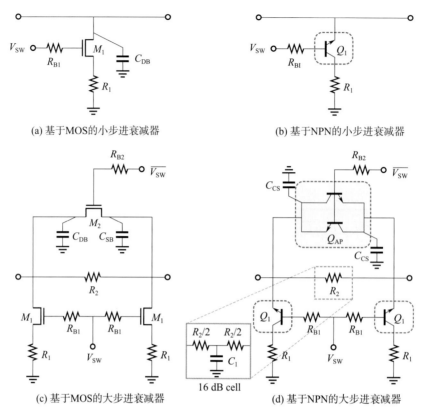

(a) 基于MOS的小步进衰减器　　　　　　　　(b) 基于NPN的小步进衰减器

(c) 基于MOS的大步进衰减器　　　　　　　　(d) 基于NPN的大步进衰减器

图 6－34　基于 MOS 的衰减器和基于 NPN 的衰减器对比图

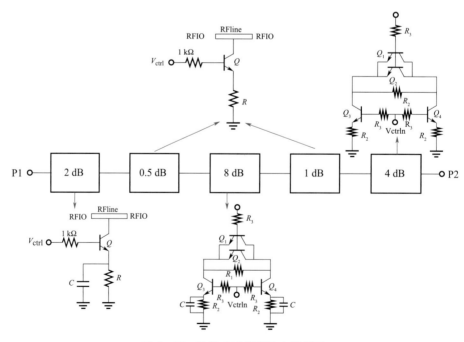

图 6－35　数控衰减器整体电路框图

6.5.2　毫米波驱动放大器设计

本文采用 $0.13~\mu m$ SiGe BiCMOS 工艺进行电路设计，由于工作在 $30~GHz$ 处，射频走线的寄生参数将对芯片的射频性能产生重要影响。为了精确地进行仿真设计，本文将晶体管的模型进行二次提取并重新建模，采用 Calibre RC 和电磁场仿真结合的方式将通孔和射频走线的寄生参数提取出来，并和 PDK 中模型打包重新建立晶体管单元库。

Ka 频段驱动放大器采用两级共射放大器级联实现 $22~dB$ 以上的增益放大，每一级的放大管选择多组高截止频率的 NPN 标准单元组成，采用 CBEBC 结构搭配环形深槽隔离环进行噪声隔离，晶体管偏置在最高截止频率附近以获得较高的增益和较低的噪声系数，第一级晶体管（Q_1）包含 3 组并联的 $5~\mu m$ NPN 单元，同时第二级晶体管（Q_2）包含 4 组并联的 $10~\mu m$ NPN 单元，所有放大器都由 $1.6~V$ 单电源进行供电（图 6-36）。

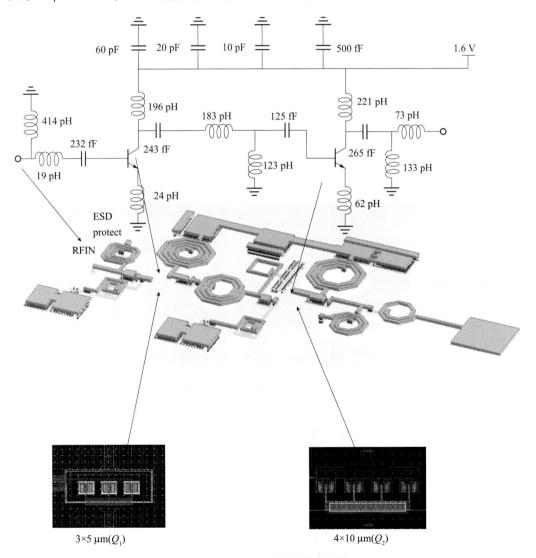

图 6-36　驱动放大器电路图

驱动放大器的寄生参数提前采用 EM 软件 Momentum 进行电磁场仿真，射频焊盘（PAD）和放大器输入匹配网络进行联合设计以降低 PAD 寄生参数对电路的影响，较大感值的接地电感谐振在 30 GHz 附近，以提供较大的射频阻抗来保证静电放电（ESD）能力的同时降低噪声系数，输入端口串联的匹配电感和发射极负反馈电感采用高 Q 值设计，以便在实现带内匹配的同时保持极低损耗，LC 串联谐振网络用于实现级间匹配网络，电源馈电网络采用并联的 60pF 至 0.5pF Dual - mim 电容，用于实现低频段至高频段的滤波。

在偏置的设置上，尤其需要考虑电流密度与晶体管截止频率的关系，晶体管的最佳增益偏置往往在 $2 \text{ mA}/\mu\text{m}$，而偏置在此状态下效率往往不能达到最高，因此效率与增益往往不能兼得，在设计晶体管的偏置特别是第二级晶体管偏置时，需要在最高效率和最高增益下进行折中设计。

6.5.3　8 通道发射芯片测试结果

本章采用 $0.13~\mu\text{m}$ SiGe BiCMOS 工艺设计了一款 8 通道相控阵发射芯片，该芯片采用 WLCSP 封装，芯片面积小于 $5.2~\text{mm} \times 5.6~\text{mm}$，封装实物图如图 6 - 37 所示。

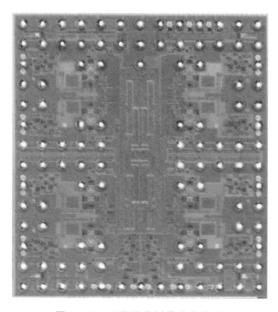

图 6 - 37　8 通道发射芯片实物图

图 6 - 38 是相控阵发射芯片的测试数据，从图中可知该芯片在整个工作频率范围内能够实现大于 19 dB 的增益（包含功率合成损耗），发射输出 1 dB 压缩点大于 9 dBm，RMS 衰减精度小于 0.5 dB，RMS 移相精度小于 3°。

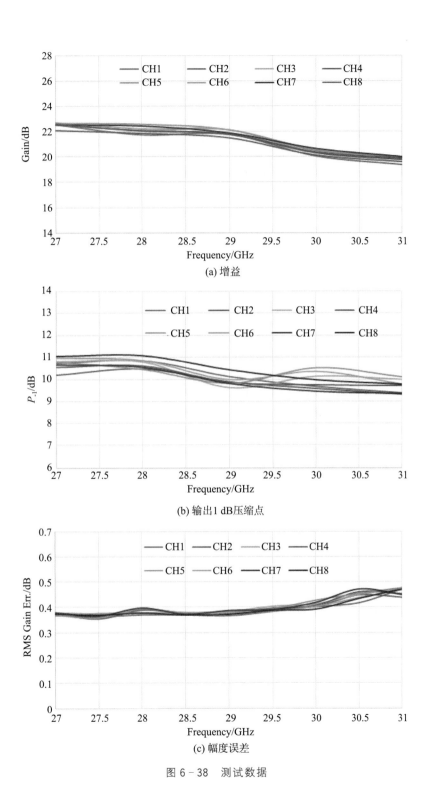

(a) 增益

(b) 输出 1 dB 压缩点

(c) 幅度误差

图 6 - 38　测试数据

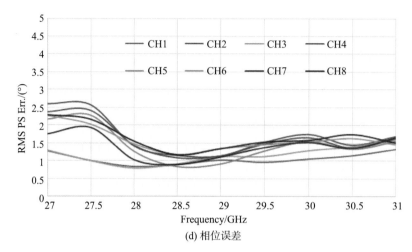

(d) 相位误差

图 6‒38　测试数据（续）

6.6　卫通多波束芯片设计

　　图 6‒39 给出本案例展示的四波束八通道波束赋形接收芯片原理框图，图中芯片集成了 8 个接收通道，每个通道的输入信号由低噪声放大器进行信号放大，然后通过功率分配器进入四个不同的移相衰减通道，8 路接收通道总计进入 32 路移相衰减通道，然后经过四波束功率合成网络分配为四路信号，不同波束的信号进入合路端口驱动放大器后进行信号放大，然后再通过 16 dB 衰减器输出。

　　为了实现大规模片上集成，本方案采用矢量调制器进行数控移相，该方案不仅能实现 0～360° 范围移相，还具有占用芯片面积小和提供正向增益的优点，这避免了链路上过大的无源损耗造成对放大器输出功率过高的要求。同时为了实现高精度衰减控制，本方案采用了无源 PI 型衰减网络，该结构具有占用芯片面积小和无功耗的优点，适用于多波束相控阵芯片设计。

　　图 6‒40 给出了所提出的方案金属线分布的结构示意图。本方案采用中间层 MQ 接地，这种层次安排的优势是顶层金属 AM 可与接地层 MQ 构成低损耗微带线，底层金属 M1～M3 可用于连接偏置电路、数字控制线和其他单元互连线，因此底层金属上的信号干扰可以被接地层 MQ 屏蔽以实现高通道隔离度，同时便于采用晶圆级封装来实现较低寄生的射频接地。

　　单个波束的系统架构图如图 6‒41 所示，相比于传统单波束多通道接收芯片，多波束芯片在低噪声放大器后接入了一分四的功率分配器网络，用于将通道信号分配到四个波束芯片，然后进入不同支路的移相衰减器进行幅相控制，然后将不同通道的信号进行功率合成后进行驱动放大输出。

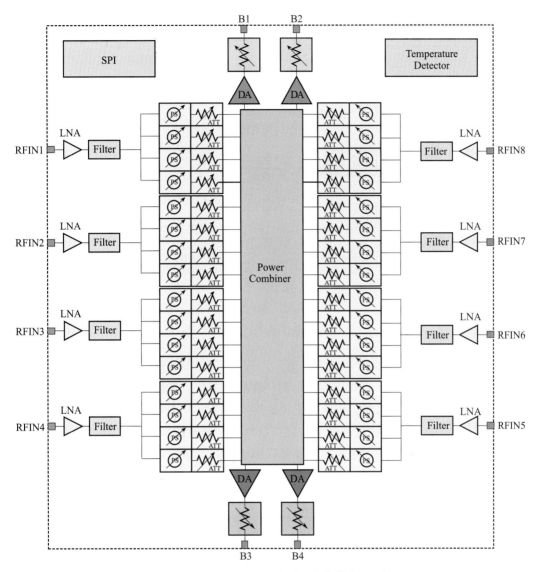

图 6-39　四波束 8 通道波束赋形接收芯片原理框图

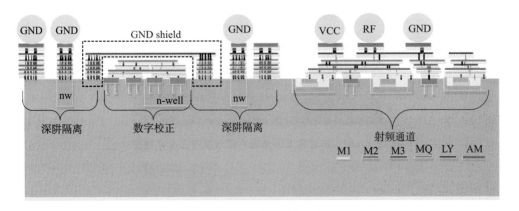

图 6-40　本方案金属线分布结构图

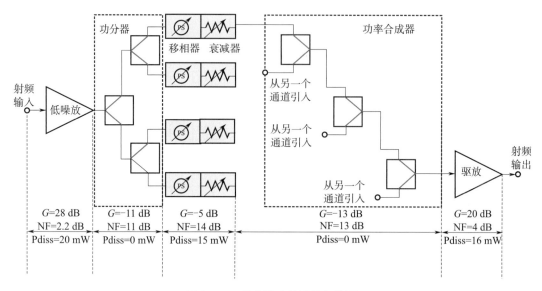

功分器　功率合成器

移相器　衰减器

射频输入　低噪放

从另一个通道引入

从另一个通道引入

从另一个通道引入

射频输出　驱放

$G=28$ dB
NF=2.2 dB
Pdiss=20 mW

$G=-11$ dB
NF=11 dB
Pdiss=0 mW

$G=-5$ dB
NF=14 dB
Pdiss=15 mW

$G=-13$ dB
NF=13 dB
Pdiss=0 mW

$G=20$ dB
NF=4 dB
Pdiss=16 mW

图 6-41　单个波束的系统架构图

图 6-42 是 K 频段四波束 8 通道波束赋形接收芯片实物图，本方案采用 WLCSP 封装，封装后面积小于 5.6 mm×5.3 mm。对于多波束芯片，其通道隔离和波束隔离是影响其是否能正常工作的重要因素。因此为了验证其隔离特性，在测试时锁定一个通道的幅相状态，将其余 31 个通道的相位进行全态扫描以判断待测通道幅相变化情况。图 6-43 是待测通道相位变化情况，从图中可知相位牵引小于±6°，图 6-44 是待测通道幅度变化情况，从图中可知幅度牵引小于±1 dB。

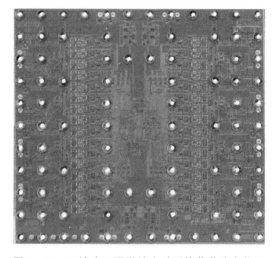

图 6-42　四波束 8 通道波束赋形接收芯片实物图

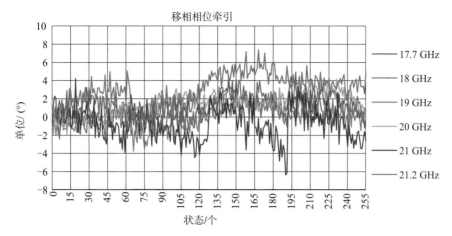

图 6-43 四波束 8 通道波束赋形接收芯片移相相位牵引测试图

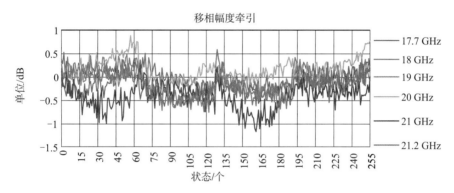

图 6-44 四波束 8 通道波束赋形接收芯片移相幅度牵引测试图

6.7 毫米波芯片封装技术

毫米波芯片封装由于其成本高昂和信号衰减大,一直以来是限制毫米波芯片应用的瓶颈。在先进封装出现前,毫米波芯片通常采用 QFN 封装,其封装示意图如图 6-45 所示,该封装将裸芯片置于封装框架中,采用键合丝将信号引入到封装管脚上。

QFN 是一种无引脚封装,呈正方形或矩形,封装底部中央位置有一个大面积裸露焊盘用来导热,围绕大焊盘的封装外围四周有实现电气连接的导电焊盘。由于 QFN 封装不像传统的 SOIC 与 TSOP 封装那样具有鸥翼状引线,内部引脚与焊盘之间的导电路径短,自感系数以及封装体内布线电阻很低,所以它能提供卓越的电性能。此外,它还通过外露的引线框架焊盘提供了出色的散热性能,该焊盘具有直接散热通道,用于释放封装内的热量。通常将散热焊盘直接焊接在电路板上,并且 PCB 中的散热过孔有助于将多余的功耗扩散到铜接地板中,从而吸收多余的热量。

QFN 封装具有低成本和高可靠的特点,但其射频管脚损耗依然稍大(约 1 dB@

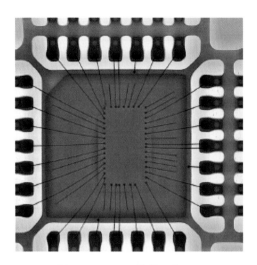

图 6‑45　QFN 封装示意图

30 GHz），在 5G 毫米波和宽带卫星通信等应用中，过大的管脚损耗导致芯片性能严重下降，这限制了毫米波芯片的批量化应用。

晶圆片级芯片规模封装（WLCSP），即晶圆级芯片封装方式，如图 6‑46 所示。不同于传统的芯片封装方式（先切割再封测，封装后至少增加原芯片 20% 的体积），此种最新技术是先在整片晶圆上进行封装和测试，然后切割成一个个的 IC 颗粒，因此封装后的体积即等同 IC 裸晶的原尺寸。WLCSP 的封装方式，一方面可明显地缩小内存模块尺寸；另一方面在效能的表现上，提升了数据传输的速度与稳定性。

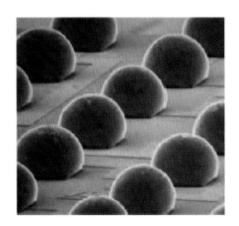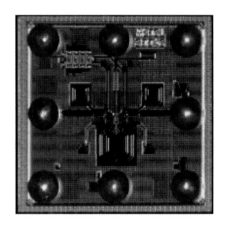

图 6‑46　WLCSP 封装示意图

WLCSP 非常适合应用于毫米波芯片的封装，具有低传输损耗和小型化的特点，但是由于该封装有大面积裸露，甚至与裸片应用类似，因此需要在装配和长期可靠性等方面进行仔细评估。

6.8 毫米波芯片测试技术

多通道硅基芯片是毫米波相控阵天线的核心元器件[18-21]，在开展测试前可通过对芯片架构及参数指标进行分析，并考虑多通道测试系统的通道隔离，以降低多通道间信号串扰对测试结果的影响，同时对批量测试综合效率进行考虑，形成实验室研发分析阶段和批量测试阶段的测试方案，并对相关测试方法及校准技术进行研究，保证测试方案的可行性以及保证在片测试结果的准确性与稳定性。

在多通道毫米波芯片在片测试系统方案中，射频微波探针作为在片测试系统连接的适配器，将芯片测量接口转为同轴或波导端口。常见的射频探针有 GSG 型、GS 型、GSSG 型等。射频探针的主要参数有最高工作频率、探针针尖距（Pitch）等。典型的 GSG 探针如图 6 - 47 所示。

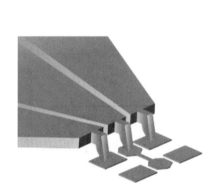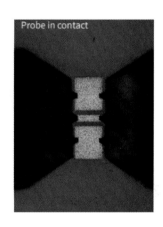

图 6 - 47　典型的 GSG 探针

在实验室评估测试阶段应追求指标的准确性，以期能够真实反映芯片自身性能指标。因此在进行测试方案设计时，尽可能减小系统误差，提高系统稳定性。实验室评估测试阶段采用单通道 GSG 探针与扩频头进行连接，根据芯片架构布局，可同时进行两个毫米波接口的连接，端口采用单通道 GSG 探针直接与仪器进行连接。实验室评估测试方案如图 6 - 48 所示。

在批量测试阶段，除了追求指标测试结果的准确性、稳定性和一致性之外，还需要考虑测试效率。因此，在进行测试系统方案设计时，RF 通道考虑采用开关矩阵结合多通道射频微波探针的形式进行组合搭建。批量测试解决方案如图 6 - 49 所示，毫米波矢量网络分析仪通过端口 1 和端口 3 的扩频头，经过波导同轴转换、级联的波导 SPDT 开关构成的 SP4T 开关可以扩展出 8 个 RF 端口，通过 1 mm 同轴电缆和 1 mm 多通道射频微波探针连接到被测件上进行测试，扩频端口外加的开关矩阵等除了可以扩展 RF 端口数量，还可以降低测量发射状态时的输出功率，避免扩频头压缩，可以省去链路上的衰减器。

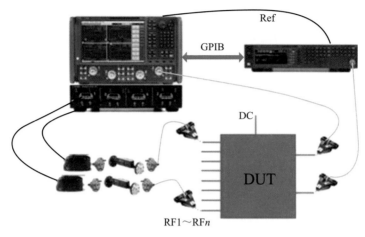

图 6‐48　实验室评估测试方案

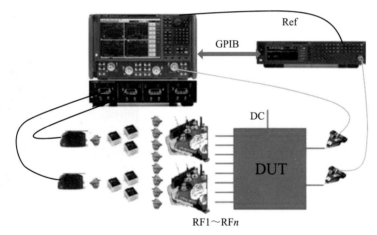

图 6‐49　批量测试解决方案

　　本方案采用多通道射频微波探针与开关矩阵的方式实现多通道测试，因此必须考虑通道间隔离设计以抑制通道间信号串扰造成的幅相精度恶化。

　　本方案采用的多通道微波射频探针如图 6‐50 所示。射频微波探针结构则是采用 GSG 的排布形式，在两路信号之间采用两个地进行隔离，在 110 GHz 频段，GSG 排布最小隔离度都可以达到 25 dB 以上，可以得到本方案排布的信号通道之间的隔离度满足使用需求。

　　多通道毫米波芯片的测试仍然是行业难点，特别是考虑到测试精度、测试一致性和测试效率等因素，采用混合探针进行在片测试已成为主流测试方法，但仍需要在测试系统校准、测试稳定性等方面进一步开展研究。

图 6 - 50　多通道微波射频探针

参 考 文 献

［1］ Bhattacharyya AK . Phased array antennas：floquet analysis，synthesis，BFNs，and active array systems ［M］. Wiley，2006.

［2］ Parker D，Zimmermann D C . Phased arrays – part 1：theory and architectures ［J］. IEEE Transactions on Microwave Theory and Techniques，2002，50（3）：678 – 687.

［3］ Sadhu B，Rexberg L. Phased arrays for 5G millimeter – wave communications ［M］. Millimeter – Wave Circuits for 5G and Radar. Cambridge Univ. Press，2019.

［4］ Schuh P，Rieger R，Oppermann M. Advanced T/R modules based on SiGe and GaN MMICs ［C］ IEEE International Microwave Symposium. IEEE，2014.

［5］ Mancuso Y，Renard C. New generations of TR modules for tile antennas ［C］. IEEE Internationnal Microwave Symposium. IEEE. 2014.

［6］ Koh K J，Rebeiz G M. An X – and Ku – band 8 – element phased – array receiver in 0. 18 – μm SiGe BiCMOS technology ［J］. IEEE Journal of Solid – State Circuits，2008，43（6）：1360 – 1371.

［7］ Sadhu B，Tousi Y，Hallin J，et al. A 28 – GHz 32 – element TRX phased – array IC with concurrent dual – polarized operation and orthogonal phase and gain control for 5G communications ［J］. IEEE Journal of Solid – State Circuits，2017，52（12）：3373 – 3391.

［8］ Product Datasheet ［EB/OL］. ［2018 – 05 – 03］. http：//www. anokiwave. com.

［9］ Product Infromation ［EB/OL］. ［2020 – 07 – 20］. http：//www. analogdevice. com.

［10］ Poon A S Y，Taghivand M. Supporting and enabling circuits for antenna arrays in wireless communications ［J］. Proceedings of the IEEE，2012，100（7）：2207 – 2218.

［11］ Natarajan A，Komijani A，Hajimiri A. A 24 GHz phased – array transmitter in 0. 18/spl mu/m CMOS ［C］. ISSCC. 2005 IEEE International Digest of Technical Papers. Solid – State Circuits Conference. IEEE，2005：212 – 594.

［12］ Moore G E. Cramming more components onto integrated circuits，Reprinted from Electronics ［J］. IEEE Solid – state Circuits Society Newsletter，2006，11（3）：33 – 35.

［13］ Tousi Y，Afshari E. 14. 6 A scalable THz 2D phased array with＋ 17 dBm of EIRP at 338 GHz in 65nm bulk CMOS ［C］. 2014 IEEE International Solid – State Circuits Conference Digest of Technical Papers (ISSCC) . IEEE，2014：258 – 259.

［14］ Dunworth J D，Homayoun A，Ku B H，et al. A 28 GHz Bulk – CMOS dual – polarization phased – array transceiver with 24 channels for 5G user and basestation equipment ［C］. 2018 IEEE International Solid – State Circuits Conference – (ISSCC) . IEEE，2018：70 – 72.

[15] Gu X, Liu D, Baks C, et al. Development, implementation, and characterization of a 64 - element dual - polarized phased - array antenna module for 28 - GHz high - speed data communications [J]. IEEE Transactions on Microwave Theory and Techniques, 2019, 67 (7): 2975 - 2984.

[16] Liu D, Gu X, Baks C W, et al. Antenna - in - package design considerations for Ka - band 5G communication applications [J]. IEEE Transactions on Antennas and Propagation, 2017, 65 (12): 6372 - 6379.

[17] Cheon C D, Cho M K, Rao S G, et al. A New Wideband, Low Insertion Loss SiGe Digital Step Attenuator [C]. 2020 IEEE BiCMOS and Compound Semiconductor Integrated Circuits and Technology Symposium (BCICTS). IEEE, 2020: 1 - 5.

[18] Zhao D X, et al. A 1. 9 - dB NF K - band temperature - healing phased - array receiver employing hybrid packaged 65 - nm CMOS beamformer and 0. 1 - μm GaAs LNAs [J]. IEEE Microwave Wireless Component Letter. 2022, 32 (6): 768 - 771.

[19] Li N, et al. A four - element 7. 5 - 9 - GHz phased - array receiver with 1 - 8 simultaneously reconfigurable beams in 65 - nm CMOS [J]. IEEE Transactions on Microwave Theory and Techniques. 2021, 69 (1): 1124 - 1126.

[20] Jin S C, Huang B, Yuan Y, et al. A K - band eight - channel receiver beamformer based on 0. 13 - μm Bi - CMOS for SATCOM [C]. 2022 IEEE MTT - S International Microwave Workshop Series on Advanced Materials and Processes for RF and THz Applications. IEEE, 2022: 1 - 3.

[21] Sun J X, Jin S C, Xie Z H, et al. A 2. 77 - dB NF K - band four - element dual - beam phased — array receiver with 39 - dB Tx - band rejection for SATCOM applications [J]. IEEE Transactions on Circuits and Systems II: Express Briefs, 2024: Early Access.

第7章　相控阵电路集成

7.1　典型集成架构

7.1.1　通用集成架构

图 7-1 给出了 256 阵元相控阵的典型互连布局示意图。图 7-2 和图 7-3 则给出了对应的当前卫通相控阵应用较为广泛的一种电路集成架构，该架构采用基于多层 PCB 的一体化集成思路。多层 PCB 的正面将微带阵列天线进行了一体化集成，背面通过回流焊接

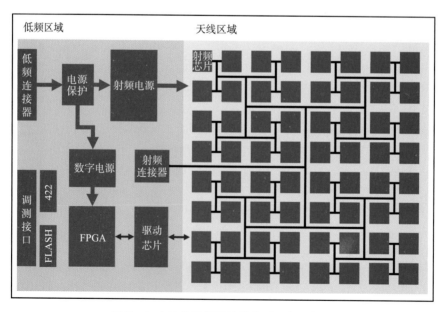

图 7-1　256 阵元相控阵的典型互连示意图

集成多功能射频芯片和波控、电源、连接器等器件[1-3]。这种架构取代了传统的较为昂贵的微组装工艺，既实现了低成本，又适合批量化生产，同时具备瓦式可扩展拼接能力[4-5]。

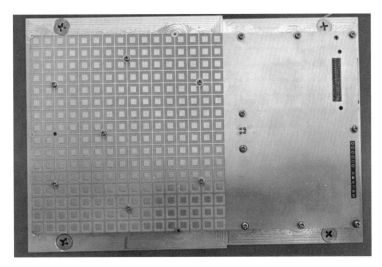

图 7-2　多层 PCB 正面集成的微带天线阵列

图 7-3　多层 PCB 背面集成的器件

图 7-4 给出了一种多层 PCB 通用集成架构剖面图，一般由天线阵列层、控制网络层、电源网络层、功合/分网络层、射频组件芯片层以及垂直互连过孔等组成。天线阵列层馈电信号通过垂直过孔与射频组件芯片层的阵元端口进行连接；功合/分网络层通过垂直过孔与射频组件芯片层的芯片公共端口互连；控制网络层通过垂直过孔与射频组件芯片层的芯片控制端口进行连接；电源网络层通过垂直过孔与射频组件芯片层的芯片电源端口进行连接。值得注意的是，对于多波束功合/分网络的情况，通常考虑布局在几个独立的电路层上，一方面为了便于电路空间布局，另一方面最大限度地实现各波束的隔离。可集成的波束数量通常受限于 PCB 压合厚度、垂直布局空间以及工艺实现难度。

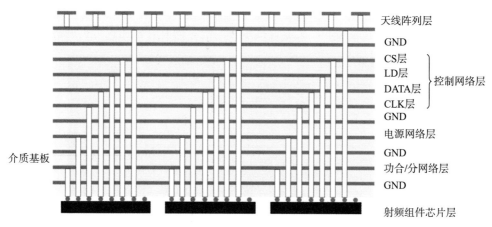

图 7-4 多层 PCB 通用集成架构剖面图

7.1.2 基于转接板的集成架构

对于超多层 PCB 一体化压合集成难度大，或者天线布局口面尺寸与射频电路布局尺寸不匹配的情况，可以考虑采用基于转接板的集成架构，如图 7-5 所示。

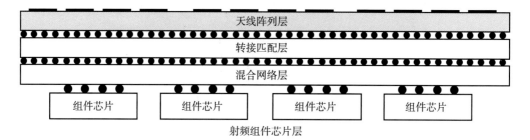

图 7-5 基于转接板的集成架构

基于转接匹配层的相控阵集成架构主要包括：天线阵列层、转接匹配层、混合网络层以及射频组件芯片层。其中，混合网络层包括功合/分网络层、控制网络层、电源网络层、垂直互连过孔等。

转接匹配层经过 BGA 或者 LGA 等工艺上下分别与天线阵列层、混合网络层整体焊接，射频组件芯片层焊接到混合网络层底部表面。各部分的具体焊接顺序需要考虑具体的温度梯度设计。其中，控制网络层通过垂直过孔与射频组件芯片层的芯片控制端口进行连接；电源网络层通过垂直过孔与射频组件芯片层的芯片电源端口进行连接；功合/分网络层通过垂直过孔与射频组件芯片层的芯片公共端口互连。

这种架构的优势在于，采用天线阵列层、转接匹配层、混合网络层和射频组件芯片层结构，可提高天线层馈电接口位置的灵活性，降低加工工艺难度。该架构一定程度避免了超多层 PCB 一体化压合的难点，同时给予天线单元与阵列设计制造一定的灵活度。

7.1.3　基于 AiP 组件的集成架构

为了进一步增加集成架构的灵活性，也可以采用基于 AiP 组件的相控阵集成架构（图 7-6）。其核心思想是将天线与组件芯片模块化，降低大规模阵列和多芯片一体化集成的高难度和高风险。

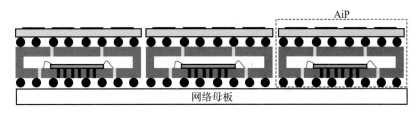

图 7-6　基于 AiP 组件的集成架构

基于 AiP 的相控阵集成架构主要包括 AiP 天线单元、AiP 射频单元、网络母板。AiP 天线单元、AiP 射频单元、网络母板通过 BGA 或 LGA 等贴片工艺实现一体化集成[6-7]。其中，AiP 天线单元的馈电端口与 AiP 射频单元顶面的阵元端口电连接；网络母板顶面与 AiP 射频单元底面的射频、电源和控制端口电连接。通常 AiP 射频单元顶面引出与天线馈点连接的焊点；AiP 射频单元底面引出与网络母板连接的焊点。AiP 射频单元可以根据实际情况，集成多片射频组件芯片及芯片间的合成网络，从而进一步降低网络母板的布板压力。各 AiP 射频单元通过网络母板中的射频功合/分网络实现整板的射频合成，并通过网络母板中的电源网络和控制网络分别实现供电和波束控制。

基于 AiP 的相控阵集成架构主要优势在于：1) 实现了天线、组件、网络的解耦，采用标准架构与接口，解决卫星通信相控阵传统瓦式架构设计与制造优化升级不灵活的问题；2) 射频组件封装双面引线植球，实现与天线、网络灵活集成，实现射频组件芯片与天线就近互连，减小连接损耗，同时实现芯片双向散热；3) 基于两级网络架构，降低多波束布板难度，解决了多波束扩展应用情况下的设计制造难度高、成本高、优化升级难的问题。

7.1.4　基于多层解耦的集成架构

采用多层 PCB 一体化压合一般适用于较少的波束数量，应用于较多波束时存在以下限制：1) 一体化加工架构下多波束造成 PCB 厚度增加，造成布板难度急剧增加，同时工艺实现难度增加甚至无法加工；2) 一体化加工架构多波束 PCB 板电路的成本大幅增加，无法满足终端相控阵低成本的要求；3) 一体化加工架构优化升级难，不得不整体改板投板，造成研发周期和成本大幅增加。

基于多层解耦的集成架构如图 7-7 所示，其核心理念是通过架构布局和封装工艺，在实现低成本和一体化、小型化的前提下，实现天线、组件、网络的解耦，解决毫米波相控阵多波束设计与制造难题。该架构包括天线阵列层、射频网络层、控制与电源网络层、射频芯片层。其中，天线阵列层、射频网络层、控制与电源网络层均为独立压合的 PCB 电路，然后各层通过低成本贴片实现一体化集成。值得注意的是，天线阵列层可以由多个较小规模的子阵单元所取代；焊接的顺序可以一次性焊接，也可以按照先高温焊接再低温焊接的顺序进行自上而下或自下而上焊接。

基于多层解耦的集成架构的优势在于：1）将复杂超多层 PCB 分解为若干功能相对独立的 PCB 子层，各子层功能相对解耦，可以支持各子层功能的灵活定义和迭代设计；2）该架构使得各子层 PCB 的制造工艺难度大幅降低，同时成本也大幅降低，实现电路复杂化和低成本之间的折中；3）适合多波束网络的扩展，亦可将网络拆解为几个子层，使得多波束实现的难度大幅降低。

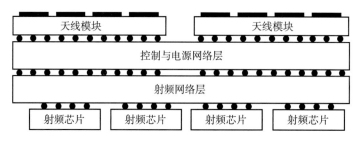

图 7-7　基于多层解耦的集成架构

7.2　关键电路设计

7.2.1　接收电路设计

以 256 阵元 Ka 频段接收相控阵为例，图 7-8 给出了电路布局示意图。天线与射频芯片通过多层 PCB 板进行集成，天线馈线与芯片之间的信号传输采用新型类同轴、铜柱垂直过渡结构。

在完成 PCB 布板后，通常需要对射频芯片输入扇出电路及垂直互连电路进行仿真，以评估驻波匹配和传输损耗情况；同时，需要对接收功率合成网络进行全网络仿真。其中，功率合成网络采用威尔金森电桥，既可以设计在内部叠层，也可以设计在芯片同侧，对应的电阻可以采用内埋或表贴。下面针对图 7-8 所示 256 阵元的接收扇出过孔和接收合路网络给出典型的建模和仿真案例。

（1）芯片扇出过孔仿真

图 7-9 给出了接收 8 通道多功能射频芯片一个输入的扇出及与天线互连过孔的建模。值得注意的是，为了确保隔离和匹配，电路周围设计了屏蔽地孔。图 7-10 给出了仿真的回波损耗曲线，图 7-11 给出了传输损耗曲线。在 17.7～20.2 GHz 频率范围内的回波损耗优于 -16.79 dB，传输损耗优于 0.16 dB。

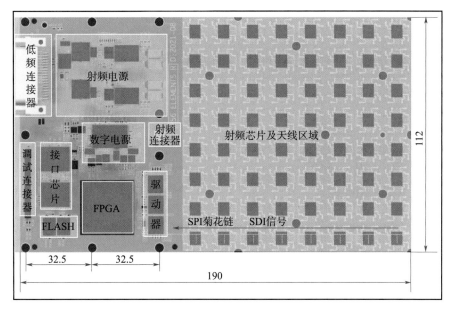

图 7 - 8 256 阵元 Ka 频段接收相控阵布局示意图

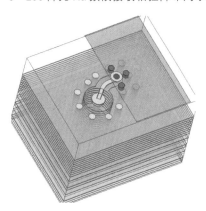

图 7 - 9 接收通道芯片扇出位置建模

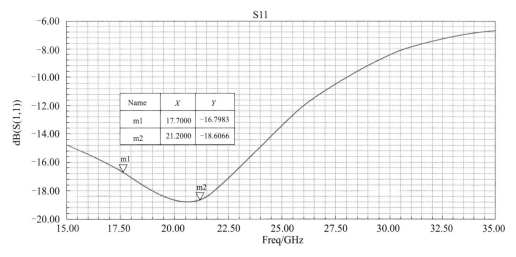

图 7 - 10 接收扇出位置回波损耗

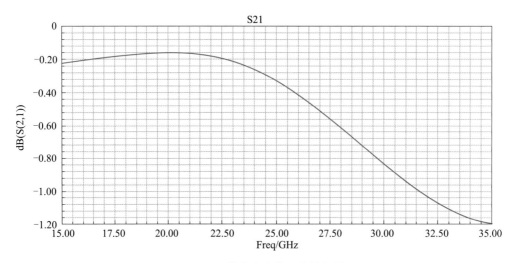

图 7-11 接收扇出位置传输损耗

（2）接收合路网络仿真

由于每片 8 通道接收多功能芯片连接 4 个天线单元的双极化馈点，因此 256 阵元接收相控阵对应 64 片接收多功能芯片和一个 64 合 1 的合路网络，图 7-12 给出了 64 合 1 的合路网络仿真模型。

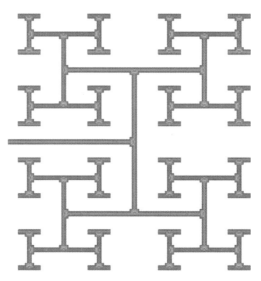

图 7-12 合路网络仿真模型

图 7-13 给出了网络输出公共端口的回波损耗小于－20 dB，图 7-14 给出了合路网络传输损耗（含功分比）仿真结果，在 17.7～20.2 GHz 频率范围内的传输损耗为 24.10～24.79 dB，考虑功分比 18.06 dB，则可推出传输线损耗为 6.04～6.73 dB。

实际的工程仿真设计需要考虑介质厚度与埋阻阻值有可能存在偏差，因此纳入容差分析，介质厚度取 $100\pm5~\mu m$，埋阻方阻取 $50\pm10~\Omega$，即 2 个偏差因素各有 3 个值加入扫描

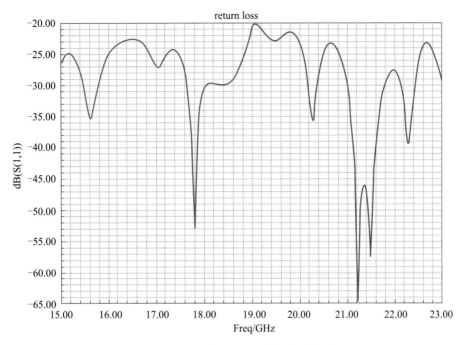

图 7 - 13　合路网络总输出回波损耗仿真结果

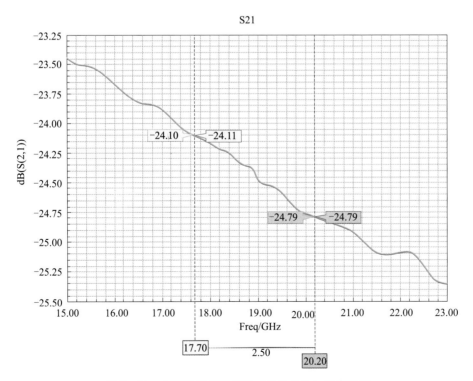

图 7 - 14　合路网络传输损耗（含功分比）仿真结果

参数仿真。图 7-15 和图 7-16 分别给出了加入容差分析后的总输出口回波损耗曲线和传输损耗（含功分比）曲线。在 17.7～20.2 GHz 频率范围内总输出口回波损耗优于 −18 dB，传输损耗为 23.91～24.84 dB，考虑功分比 18.06 dB，则可推出传输线损耗为 5.85～6.78 dB。

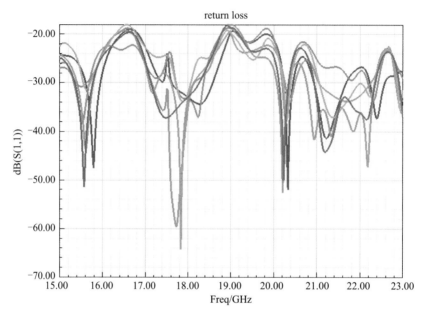

图 7-15　加入容差分析后的总输出口回波损耗曲线

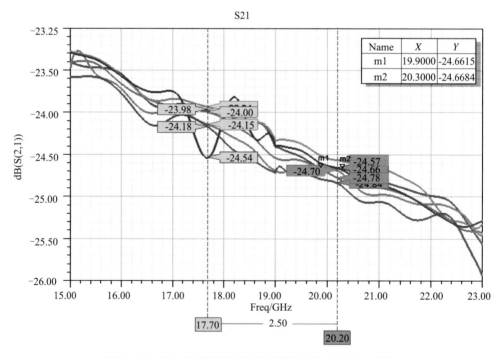

图 7-16　加入容差分析后的传输损耗（含功分比）曲线

7.2.2　发射电路设计

以 256 阵元 Ka 频段发射相控阵为例,图 7-17 给出了电路布局示意图。天线与射频芯片集成于多层 PCB 板中,天线馈线与芯片之间的信号传输采用新型类同轴、铜柱垂直过渡结构。

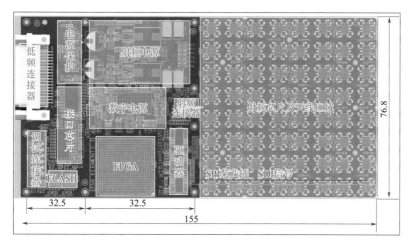

图 7-17　256 阵元 Ka 频段发射相控阵布局示意图

在完成 PCB 布板后,通常需要对射频芯片输出扇出电路及垂直互连电路进行仿真,以评估驻波匹配和传输损耗情况;同时,需要对发射功率分配网络进行全网络仿真。其中,功率分配网络采用威尔金森电桥,既可以设计在内部叠层,也可以设计在芯片同侧,对应的电阻可以采用内埋或表贴。下面针对图 7-17 所示 256 阵元的发射扇出过孔和发射分配网络给出典型的建模和仿真案例。

（1）芯片扇出过孔仿真

图 7-18 给出了发射 8 通道多功能射频芯片一个输出的扇出及与天线互连过孔的建模。值得注意的是,为了确保隔离和匹配,电路周围设计了屏蔽地孔。图 7-19 给出了仿真的回波损耗曲线,图 7-20 给出了传输损耗曲线。在 27.5～31 GHz 频率范围内的回波损耗优于 −19 dB,传输损耗优于 0.178 dB。

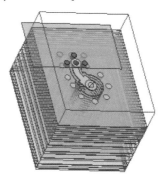

图 7-18　发射通道芯片扇出位置建模

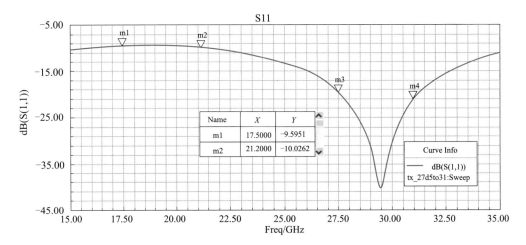

图 7 - 19　发射扇出位置回波损耗

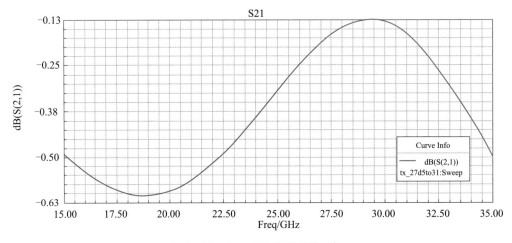

图 7 - 20　发射扇出位置传输损耗

（2）发射功分网络仿真

由于每片 8 通道发射多功能芯片连接 4 个天线单元的双极化馈点，因此 256 阵元发射相控阵对应 64 片发射多功能芯片和一个 1 分 64 的功分网络，图 7 - 21 给出了 1 分 64 的功分网络仿真模型。网络采用多层高频微波 PCB 混压层叠高密度集成工艺，采用威尔金森功分器构建，电阻采用埋阻技术。

从图 7 - 22 可看出功分网络端口的回波损耗小于 −21.8 dB，图 7 - 23 给出了功分网络传输损耗（含功分比）仿真结果，在 27.5 GHz～31 GHz 频率范围内的传输损耗为 23.3～24.27 dB，考虑功分比 18.06 dB，则可推出传输线损耗为 5.24～6.21 dB。

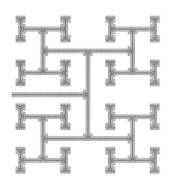

图 7 - 21 功分网络仿真模型

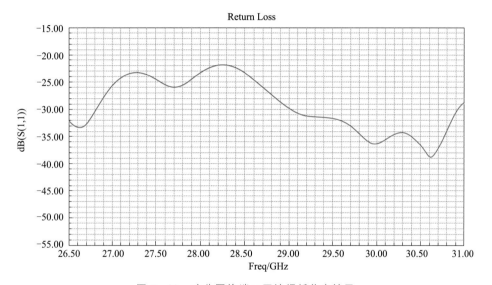

图 7 - 22 功分网络端口回波损耗仿真结果

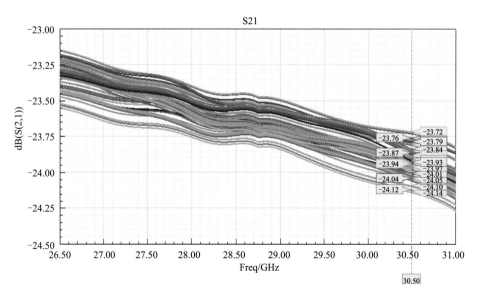

图 7 - 23 功分网络传输损耗（含功分比）仿真结果

7.3 电路叠层工艺设计

随着硅基毫米波工艺半导体技术的不断成熟，T/R 组件向着芯片化、多功能、集成化发展，同时超多层 PCB 互联技术和晶圆级芯片封装（WLCSP）不断发展和普及应用，这也使得瓦式相控阵天线得到了更为广泛的应用[8-10]。

瓦式相控阵天线一般采用一体化设计，垂直集成的优势是整个天线可以更加小型化，集成度可以更高，但此类设计中不仅需要考虑天线和网络等电气性能对材料的要求，还要考虑在有限的布局空间内天线与馈线、功分网络与功分网络之间，以及馈电网络与电源、控制之间如何通过过孔互连等问题。板件层数多、垂直互连关系复杂、多种材料混压、超高密度布线等因素给目前高频 PCB 的加工带来很多新的挑战。图 7-24 展示了一种常见的一体化垂直集成瓦式天线的 PCB 叠层设计图，可以看出，有很多的地孔和信号孔都是交错互连的。常规的 PCB 工艺基本无法实现此类设计。因此，需要采用非常规的 PCB 工艺。

7.3.1 PCB 板叠层设计

PCB 印制板也叫印制电路板，多层印制板就是指两层以上的印制板，由几层绝缘基板上的连接导线和装配焊接电子元件用的焊盘组成，既具有导通各层线路，又具有相互间绝缘的作用。随着 SMT（表面安装技术）的不断发展，以及新一代 SMD（表面安装器件）的不断推出，促使 PCB 的设计逐渐向多层混压、高密度布线的方向发展[11-13]。

对于相控阵天线而言，开展 PCB 板叠层设计时首先需要明确所采用的整体架构。图 7-25 展示了一款瓦片式层叠式相控阵的总体架构，主要包含天线阵面层、多波束网络层、电源网络层、控制网络层、芯片层和散热结构层。天线射频馈电信号通过垂直过孔与芯片的阵元端口进行连接；多波束网络层通过垂直过孔与芯片的波束端口互连；控制网络层通过垂直过孔与芯片控制端口进行连接；电源网络层通过垂直过孔与芯片电源端口进行连接。天线层、多波束网络层、电源网络层、控制网络层、芯片层通过多层 PCB 工艺进行整体压合，实现了高密度集成，节省了大量的连接器、PCB 和相关的安装结构件。

典型的多层混压 PCB 叠层架构设计如图 7-26 所示，整板共规划 21 层，其中，L1～L4 为天线层，L5～L9 为多波束网络层，L10～L13 为电源层，L14～L20 为控制网络层，L21 为芯片层。其中，天线层、射频网络层和芯片层的介质基板材料一般选择低损耗角正切值的微波 PCB 板材；电源层和网络层的介质基板材料既可以选择低损耗角正切值的微波 PCB 板材，也可以考虑成本因素选择一般 PCB 板材如 FR4。PCB 内部层与层之间采用半固化片进行粘接，可根据总压合厚度以及工艺要求选择合适的厚度。

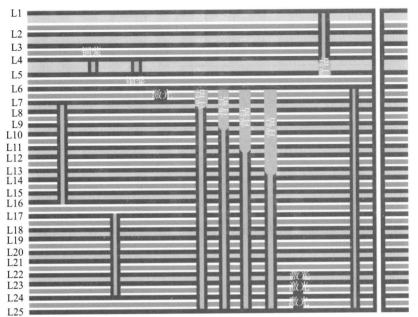

(a) 一体化垂直集成瓦式天线的PCB叠层图

(b) 一体化垂直集成瓦式天线的PCB切片图

图 7 - 24　多层 PCB 叠层示意图和切片图

　　之后对 PCB 板内部的垂直互连结构进行设计。整板采用了天线和芯片背靠背一体化瓦片式设计（图 7 - 27），天线印制在 PCB 的 TOP 层，芯片焊接在 BOTTOM 层，芯片和天线分布在一块 21 层微波混压 PCB 两侧，波束网络、控制网络和电源网络走线分布在多层 PCB 内部。该板内部电磁信号的传输涉及多种垂直互连结构，包括天线单元与射频馈线之间的缝隙耦合结构、射频馈线与射频芯片之间的类同轴结构等，运用了通孔、盲孔、埋孔等多种过孔，各种结构交错互连实现信号传输。

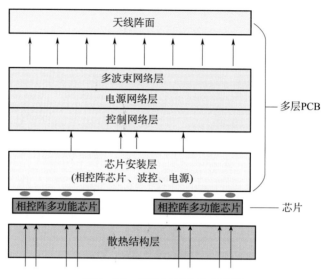

图 7-25　天线层叠架构示意图

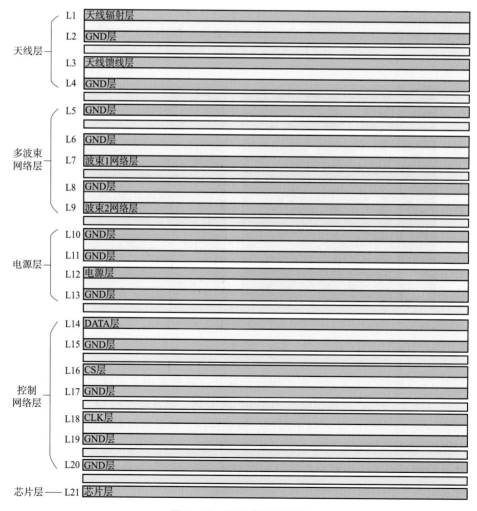

图 7-26　PCB 叠层示意图

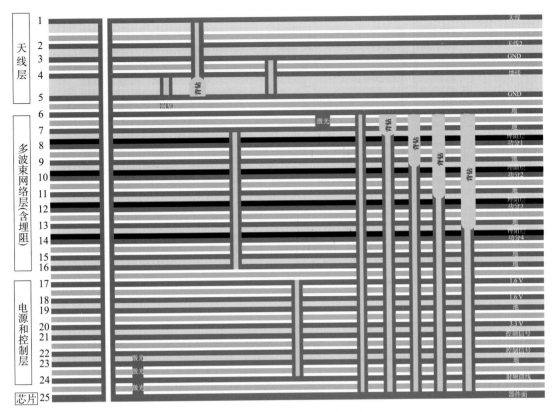

图 7 - 27　天线与芯片集成垂直互连图

7.3.2　背钻＋盲埋孔技术

在布线空间足够的情况下，互连地孔可以通过埋孔与盲孔、通孔相结合的方式来实现完好的屏蔽[14]，垂直互连的信号孔通过背钻孔的方式来实现，T/R 组件集成芯片则是通过表贴或者 wire bonding 的方式与板件集成。此类设计加工方式相对简单，需要多次压合，基本符合目前大多 PCB 厂商的加工方式和工艺，但对整个板件的设计空间有要求，要求板件有足够的布线空间和打屏蔽孔的空间，且背钻孔对天线的辐射阵面没有影响。埋盲孔实现不同功能的过孔互不影响，如图 7 - 28 中 L4～L6 和 L7～L9 的孔。如图 7 - 28（c）和（d）给出了背钻与埋孔切片照片，背钻后修复背钻位置的 GND 铜，可保持 GND 的完整性。

7.3.3　Fusion - bonding 技术

在 PCB 板的结构和布线空间受限且背钻孔会影响天线辐射阵面的情况下，垂直互连的过孔不能打穿相邻层，因此需要 PCB 实现任意层互连。任意层互连对 LTCC 工艺来说较为常规，但对 PCB 而言有很多的限制。Fusion - bonding 技术是利用材料的热塑性，在高温高压下，通过熔融连接的方式将多张芯板压在一起的压合方法。使用该工艺时，先将芯板进行钻孔电镀，然后采用高温导电浆料进行塞孔，最后层压实现垂直互连。图 7 - 29

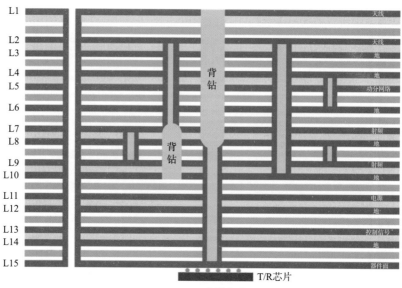

(a) 表贴方式

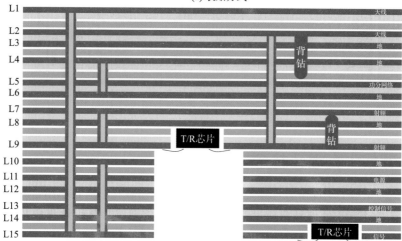

(b) 开槽方式

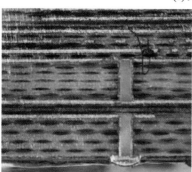

(c) 盲埋孔重叠布线切片

(d) 背钻后修复背钻位置GND铜皮切片

图 7-28　背钻＋埋盲孔垂直集成叠构工艺

所示为该工艺制作的实现 20 层任意层互连的毫米波基板的切片。此工艺的好处就是一次压合就能实现任意层互连，但难点就是层间的对位和对接位置的平整度和电气性能很难保证，尤其随着压合时间和次数的增加，铜浆的炭化现象越发明显，板件起泡的风险也就越大。Fusion‑bonding 技术对材料要求很高，目前只有 PTFE 树脂体系的材料才能实现此类工艺，且成本很高。

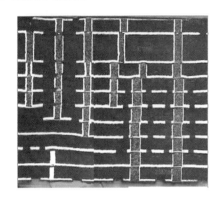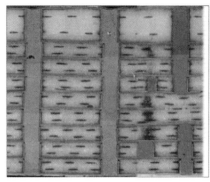

图 7‑29　Fusion‑bonding 技术实现 20 层任意层互连的毫米波基板的切片

7.3.4　铜浆烧结技术

除了 Fusion‑bonding 技术，还可以使用铜浆烧结技术来实现任意层互连。这是一种利用导电铜浆的导电性在需要垂直互连的地方进行局部的压合，来解决交错孔的实现方式。如图 7‑30 所示，为了实现垂直任意层互连，可以采用局部导电铜浆烧结的方式，这样不但解决了设计布线空间的问题，还解决了背钻残桩带来的寄生电感问题，进一步减少了 PCB 的加工流程，大幅降低了加工周期和流程成本。

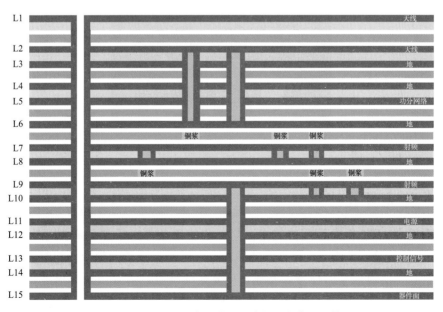

图 7‑30　采用铜浆烧结的一体化天线常见叠构

此工艺与 Fusion - bonding 技术相比，不仅融合了现有常规的 PCB 加工工艺，而且解决了 Fusion - bonding 技术压合后容易出现分层的问题。图 7 - 31 为采用铜浆烧结技术制作的板件切片。图 7 - 32 所示为铜浆烧结实现交错孔。

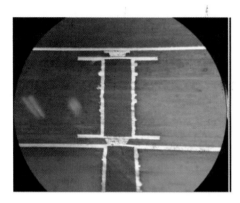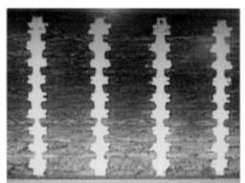

图 7 - 31　采用铜浆烧结技术制作的板件切片

图 7 - 32　铜浆烧结实现交错孔

7.3.5　激光叠孔技术

激光叠孔是 HDI 板中常用的技术，此工艺使用条件要求层间介质厚度较薄，通常为≤0.1 mm的情况，另外不建议叠太多层（图 7 - 33）。在较为简单的相控阵天线系统中可以通过此技术实现信号的任意层互连，再复杂的情况，需要结合其他过孔工艺来做互连，例如和机械盲埋孔或者铜浆烧结孔进行堆叠。

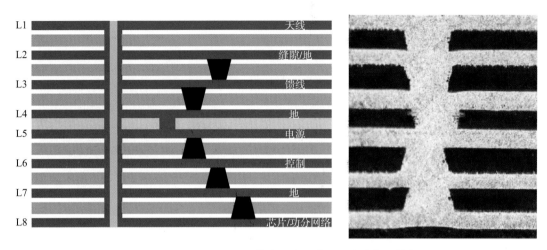

図 7-33　采用激光叠孔工艺实现的一体化天线叠构及其切片

7.3.6　联合多种过孔技术

在复杂的 PCB 印制板设计中，常常通过多种钻孔方式组合以实现目标层的互连[15]。如图 7-34 和图 7-35 所示，可综合使用机械钻孔、激光叠孔、铜浆烧结等工艺以及盲埋孔技术实现所需层与层之间的互连互通。

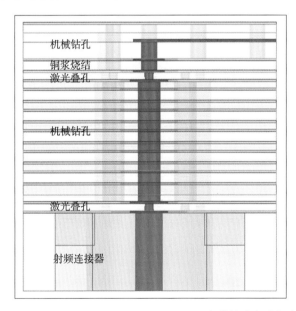

図 7-34　多种钻孔方式组合实现目标层互连

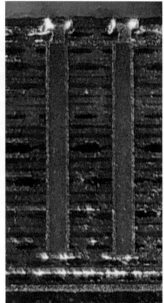

图 7 - 35　激光孔叠机械埋孔

参 考 文 献

［1］ 时立峰，金世超，刘敦歌，等. K 频段双极化卫星通信接收相控阵天线［J］. 导航与控制，2023，
22（3）：41－46.

［2］ 薛江波，李岩，沈鑫，等. 基于 SIP 的 Ka 频段高集成度有源相控阵天线设计［J］. 空间电子技
术，2023，20（3）：84－88.

［3］ 刘敦歌，金世超，崔喆，等. Ka 频段双极化低剖面卫通相控阵天线［J］. 空间电子技术，2022，
19（6）：42－47.

［4］ J S Herd，M D Conway. The Evolution to Modern Phased Array Architectures［J］. Proceedings of
the IEEE，vol. 104，no. 3，pp. 519－529，2016.

［5］ P Rocca，N Anselmi，A Polo，A Massa. Modular Design of Hexagonal Phased Arrays Through
Diamond Tiles［J］. IEEE Transactions on Antennas and Propagation，vol. 68，no. 5，pp. 3598－
3612，2020.

［6］ 邓国庆，徐正，刘向宏，等. 基于 LTCC 的半嵌入式 BGA 垂直互连结构设计［J］. 太赫兹科学与
电子信息学报，2023，21（5）：696－702.

［7］ A Raeesi，et al. A Low－Profile 2D Passive Phased－Array Antenna－in－Package for Emerging
Millimeter－Wave Applications［J］. IEEE Transactions on Antennas and Propagation，vol. 71，
no. 1，pp. 1093－1098，2023.

［8］ Aljuhani A H，Kanar T，Zihir S，et al. A 256－Element Ku－band Polarization Agile SATCOM
Receive Phased Array With Wide－Angle Scanning and High Polarization Purity［J］. IEEE
Transactions on Microwave Theory and Techniques，vol. 69，no. 5，pp. 2609－2628，2021.

［9］ Gultepe G，Rebeiz G M. A 256－Element Dual－Beam Polarization－Agile SATCOM Ku－Band
Phased－Array With 5－dB/K G/T［J］. IEEE Transactions on Microwave Theory and Techniques，
vol. 69，no. 11，pp. 4986－4994，2021.

［10］ Rupakula B，Zihir S，Rebeiz G M. Low Complexity 54～63 GHz Transmit/Receive 64－and 128－
element 2－D－Scanning Phased－Arrays on Multilayer Organic Substrates With 64－QAM 30－Gbps
Data Rates［J］. IEEE Transactions on Microwave Theory and Techniques，vol. 67，no. 12，pp.
5268－5281，2019.

［11］ M Fettke，T Kubsch，A Frick，V Bejugam，G Frieddrich，T Teutsch. A study about 3D stacking
of passive SMD elements for advanced SMT packaging using laser assisted bonding［C］. 2021 IEEE
71st Electronic Components and Technology Conference（ECTC），2021，pp. 2089－2096.

［12］ T Merkle，R Götzed. Millimeter－Wave Surface Mount Technology for 3－D Printed Polymer

Multichip Modules［J］. IEEE Transactions on Components，Packaging and Manufacturing Technology，vol. 5，no. 2，pp. 201 - 206，2015.

［13］ M Mosalanejad，I Ocket，C Soens，G A E Vandenbosch. Multi - Layer PCB Bow - Tie Antenna Array for (77 - 81) GHz Radar Applications ［J］. IEEE Transactions on Antennas and Propagation，vol. 68，no. 3，pp. 2379 - 2386，2020.

［14］ 何知聪 . 5G 通信印制电路通孔背钻及其信号完整性的研究 ［D］. 成都：电子科技大学，2023.

［15］ 钟明君，雷川，赵鹏，等 . 高阶深微盲孔的加工及其与高纵横比通孔的共镀工艺研究 ［J］. 印刷电路信息，2023，31 （S1）：116 - 125.

第8章　相控阵校准测试

相控阵天线的校准和测试是相控阵研制过程中的关键环节。相控阵的校准是通过逐通道测量得出通道间相对幅度和相位误差，用于后续相控阵系统的通道补偿。相控阵测试的主要内容是测量天线的电辐射参数，以评价天线的性能。天线校准测试方法主要有远场测试、紧缩场测试、平面近场测试[1]。其中，天线远场测试技术对大测试场地和电磁环境都有特殊要求；为了解决远场测试要求场地大的问题，一方面，紧缩场测试通过产生平面波来模拟大尺度远场环境，另一方面则是用近场测试代替远场测试。本章重点介绍基于平面近场的校准测试方法。

8.1　近场测量原理

天线近场测量原理[2]是用一个已知特性的探头天线在被测天线近场区（一般距离被测天线3至10倍波长）测量采集一个平面或曲面上电磁场的矢量场（图8-1），记录复电压，即幅度和相位信息，再经过严格的傅里叶变换计算出天线远场的电特性。近场测量技术一般都需要采集处理两路复数，即正交的极化分量，这些测量数据用于恢复远场辐射的主极化和交叉极化方向图。

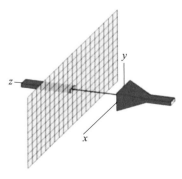

图 8-1　天线近场扫描测量原理

远场是指夫琅和费远场辐射区，是天线实际使用的辐射区域。在此区域，场的幅度与离开天线的距离成反比，且场的角分布（即天线方向图）与离开天线的距离无关，天线方向图的主瓣、副瓣和零点都已形成。远场区域具体范围如下式，其中 D 为天线的口径，λ 为波长。

$$r \geqslant \frac{2D^2}{\lambda} \tag{8-1}$$

辐射近场是指菲涅耳近场辐射区，在近场区域的辐射图的形状开始分化，就天线而言，主波束越窄，旁瓣越低，旁瓣之间的零陷就越有区别。天线辐射场方向图取决于离天线的距离。图 8-2 所示为天线近场区域划分与场分布示意图，辐射近场区域具体范围如下式。

$$0.62\left(\frac{D^3}{\lambda}\right)^{\frac{1}{2}} \leqslant r \leqslant \frac{2D^2}{\lambda} \tag{8-2}$$

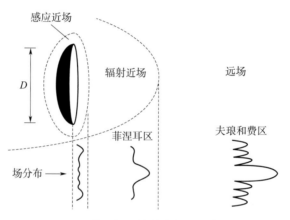

图 8-2　天线近场区域划分与场分布示意图

为了获取真实的方向图，近场理想的扫描范围为无限大，然而实际近场测试中，扫描面的尺寸是有限的，如图 8-3 所示。图中 L 为探头的扫描区间，d 为扫描面与待测天线间的距离，a 为待测天线的口径尺寸，θ 为可信的角度覆盖范围。则扫描范围尺度可以计算如下

$$L = 2d\tan\theta + a \tag{8-3}$$

对于主瓣在几何中心的天线，通常要求扫描平面边缘的电平比中间低 30～40 dB，即截断电平为 -30～-40 dB。值得注意的是，天线测试中取样间隔的上界为 $\lambda/2$。

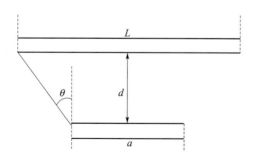

图 8-3　天线平面近场扫描范围示意图

天线近场测量系统是一套在计算机控制下进行天线近场扫描、测试数据采集、测试数据处理及测试结果显示与输出的自动化天线测量系统[3]。近场测量系统由近场扫描架、测试仪表、运动控制系统、时序同步器、波束控制器等组成，如图 8-4 所示。天线平面近场测试系统以矢量网络分析仪的两个测试端口作为输入输出端，在主控计算机和时序同步控制器的控制下，输出端通过扫描架上的测试探头，在驱动装置控制下，以一定的扫描方式及连续波的形式发射信号；与此同时，测试仪表的另一个端口通过待测天线对射频测试信号进行接收采样，数据采集计算机与矢量网络分析仪通信并存储测试数据。测试过程中，伺服近场采样系统每到采样时输出触发电平给矢量网络分析仪外触发端口，以保持仪表采样同步。数据处理软件对天线阵面的近场特性进行分析、自动化校准和变换远场后的方向图计算[4-6]。

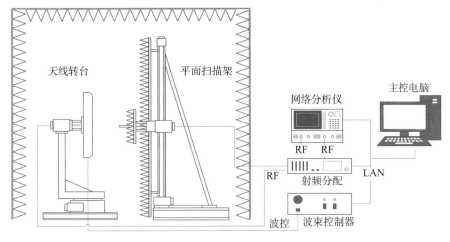

图 8-4　有源相控阵天线校准测试平台连接图

8.2　测试系统组成

有源相控阵天线快速校准测试平台主要包括屏蔽暗箱、近场扫描架、三维转台、微波链路部分、测试软件及同步控制器等六大部分，其系统组成如图 8-5 所示。

1）屏蔽暗箱：用于模拟电磁波在自由空间传播的电磁环境。通过暗箱屏蔽体避免外来电磁波的干扰，避免测试设备保密频段的泄漏。通过暗箱吸波材料模拟自由空间无反射的电磁波传输状态。同时安装有屏蔽门、滤波器、照明监控、信号过壁、通风等必要辅助设备。

2）近场扫描架：近场扫描架包含扫描架本体运动结构和扫描架控制器，是实现平面近场采样射频信号采集的关键设备。近场扫描架实现在二维平面上的横向（X 向）、垂向（Y 向）运动。为了保证采样间距符合 3～10 倍波长，采样探头设计了伸缩向（Z 向）运动。为了测试天线不同极化，设计了探头滚转向（P 向）运动。

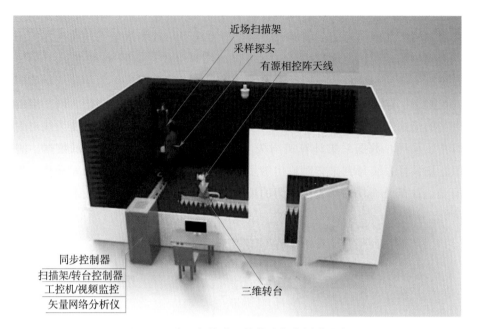

图 8-5　有源相控阵天线快速校准测试平台

3）三维转台：三维转台包含台体本身和转台控制器，可实现方位、俯仰和一维平动运动，是实现待测天线的架设和调平运动的主要设备。一维平动运动主要是保证子阵满足远场校准条件。

4）微波链路设备：微波链路设备包含矢量网络分析仪及扩频模块、射频线缆、功率放大器、微波采样探头组、标准增益喇叭天线组、开关低噪声放大器、变频参考通道等。对于近场测试这种空衰较小的情况，目前较为通用的做法是选用矢量网络分析仪，既可作为发射源，也可作为接收机接收微波矢量信号。实际工程中矢量网络分析仪会安放在扫描架近端，保证足够的动态范围。功率放大器是在发射测试时助推有源相控阵天线功率的微波放大设备，可将收发组件推至处于饱和功率输出状态。采样探头组是放置于扫描架上的微波采样探头。

5）测试软件：测试软件控制微波矢量网络分析仪、扫描架、转台、同步控制器和相控阵天线波控系统，使这些设备相互协调工作，共同完成待测相控阵天线的单元幅度相位校准和方向图的信号采集。软件将采集好的信号经过傅里叶算法变换后，对比计算得出所需要的相控阵天线增益、副瓣、波束宽度等测试指标，并整理归类存储。

8.3　典型功能指标

8.3.1　功能要求

实现 8～40 GHz 频段有源相控阵的通道校准与方向图测量。

1）具备有源强方向性相控阵近场自动化幅相测试校准功能；

2）具备有源强方向性相控阵子阵远场自动化幅相测试校准功能；

3）具备有源强方向性相控阵近场故障通道诊断功能；

4）具备有源强方向性相控阵近场多频点、多波位、多通道方向图测量功能；

5）具有无源强方向性天线多频点近场方向图测量功能。

8.3.2　校准测试指标

1）测试频段：8～40 GHz；

2）测试支持各种平面阵列布局的相控阵，可对阵元行/列间距进行自由设置；

3）一次扫描频点数量：≥20；

4）系统幅度稳定性：≤0.5 dB（环境温度±5 ℃）；

5）系统相位稳定性：≤5°（环境温度±5 ℃）；

6）幅度校准一致性：±0.5 dB（环境温度±5 ℃）；

7）相位校准一致性：±5°（环境温度±5 ℃）。

8.3.3　方向图测试指标

1）测试频段：8～40 GHz；

2）测试动态范围：≥60 dB；

3）多频点多波位要求：

　　a）可同时设置 200 个以上测试频率点，能自动均匀设置和选择设置；

　　b）可控制相控阵天线移相器状态，实现 500 个以上波位测试；

　　c）可控制数字相控阵天线状态，实现数字波束合成（DBF）测试。

4）脉冲波测量：

　　a）重复频率：0.5～30.0 kHz 连续可调；

　　b）脉宽：0.4～150.0 μs 连续可调；

5）校准测试精度（RMS）：

　　a）幅度：≤0.5 dB@40 GHz；

　　b）相位：≤5°@40 GHz；

6）方向图技术指标：

　　a）增益测试重复性≤±0.5 dB；

　　b）副瓣测试精度：

　　−25 dB 副瓣时，≤±1.0 dB；

　　−35 dB 副瓣时，≤±1.5 dB；

　　c）波束宽度测试精度：≤波束宽度的 3％；

　　d）波束指向精度：≤波束宽度的 3％；

　　e）交叉极化精度：≤±0.5 dB。

8.3.4 近场扫描架指标

1）扫描范围：

水平方向 X 轴：1.8 m（程控）；

垂直方向 Y 轴：1.8 m（程控）；

前后方向 Z 轴：0.2 m（程控）；

P 方向（极化旋转）：±90°（程控）；

2）扫描速度：

X 轴：最高 100 mm/s；

Y 轴：最高 100 mm/s；

Z 轴：最高 20 mm/s；

P 轴：最高 6（°）/s；

3）定位精度：

X 轴≤±0.05 mm；

Y 轴≤±0.05 mm；

Z 轴≤±0.05 mm；

P 轴≤±0.1°；

4）平面度（RMS）：≤±0.05 mm（校正后）；

5）负载：最大 10 kg；

6）扫描架 Y 轴及探头天线均有吸波材料防护。

8.3.5 三维转台指标

1）结构形式：俯仰轴（电动）/方位轴（电动）/前后一维平动（电动）；

2）转台承重：≥30 kg；

3）方位轴旋转要求：±180°；

4）俯仰轴旋转范围：±45°；

5）方位轴定位精度：≤±0.1°；

6）俯仰轴定位精度：≤±0.1°；

7）方位/俯仰轴速度：≤3（°）/s；

8）方位/俯仰轴要有机械零位；

9）前后运动范围：≤5 000 mm；

10）前后运动精度：≤±1 mm；

11）通信方式：LAN 通信。

8.3.6　微波暗箱指标

1）工作频段：$8 \sim 40 \, \text{GHz}$；

2）屏蔽性能：$\leqslant -80 \, \text{dB}$；

3）外形尺寸：8 m（长）$\times$ 5 m（宽）$\times$ 3.5 m（高）；

4）屏蔽门尺寸：2 m（高）$\times$ 1.5 m（宽）；

5）屏蔽材质：2 mm 厚度钢板；

6）吸波材料尖劈高度：300 mm；

7）暗箱自然换风：$\geqslant 2$ 次/h；

8）暗箱电源信号接地滤波设备、监控各 1 组。

8.4　关键组成设计

8.4.1　屏蔽暗箱

电磁屏蔽是指电场和磁场同时屏蔽，即对两个指定的空间区域进行金属的隔离，以抑制电磁波由一个区域对另一个区域的感应和传播。根据电磁屏蔽理论，如果保证屏蔽壳体的电气连续性，则钢板的屏蔽性能在各频段均能充分满足屏蔽指标的要求。屏蔽体良好的接地使屏蔽体接近零电位，屏蔽体对地阻抗愈小，则屏蔽效果愈好。屏蔽体建造有多种形式，包括拼接钢架结构屏蔽体和铝箔或铜网简易结构屏蔽体。比较常用的形式是拼接钢架结构屏蔽体，其施工简单，外形美观（图 8-6）。

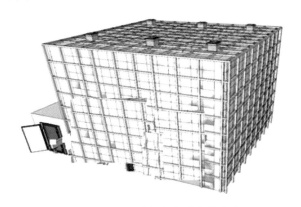

图 8-6　暗室拼接钢架屏蔽体结构

微波暗室的核心指标是反射电平，其他指标本质上均与反射电平有关。反射电平大小与暗室设计技术、暗室布局、吸波材料性能及源天线的增益有关[7]。暗室环境干扰主要是由暗室墙体、扫描架、暗室内设备等的散射引起的。转台和受试产品支架，作特殊吸波处理来消除其影响。墙体是暗室的主体，合理的吸波材料铺设布局可使墙体的散射降低到允许的范围。

暗室一般选用新型聚氨酯泡沫角锥系列吸波材料，以高密度、全开孔、优质聚氨酯泡沫为载体，浸渍炭黑，经阻燃处理、烘干等加工制作而成（图 8-7）[8]。聚氨酯具有全开孔性，与空气的匹配性能最好，以其为载体的 SA 型吸波材料对电磁波的表面反射最小。同时，由于载体均匀吸收的特性，电磁波在内部也有很大的损耗。

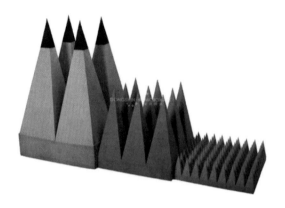

图 8-7　微波吸收材料

屏蔽暗箱的总体平面布置如图 8-8 所示。

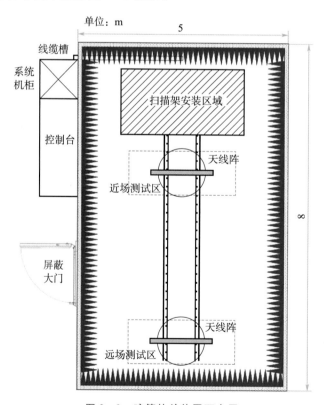

图 8-8　暗箱的总体平面布置

8.4.2　近场扫描架

平面近场扫描架是天线系统调试、测试、诊断和检验的重要测试设备。它可以在较小的微波暗室里测试近场电磁环境的相关参数，在近距离上提供一个性能优良的平面微波测试区，并且具有精度高、全天候、操作方便、保密性好等优点[9]（图 8-9）。

平面近场扫描架的平面度是其最重要的性能指标之一。高平面度指标可以实现近场测试时的逐点扫描，测量场内各点电磁波振幅和相位，取得相应的数据；图 8-9 所示扫描架采用横、纵直线导轨的直角坐标运动结构，分别用 X、Y 轴表示。探头指向在 Z 轴方向，并可手动前后调节，且探头支架能够实现极化旋转。

图 8-9　近场扫描架实物图

扫描架总体结构采用直角坐标形式。如图 8-10 所示，扫描架结构由水平伺服移动部分、垂直伺服移动部分、手动探头架和极化轴等四部分组成，分别代表 X、Y、Z 轴三个直线间自由度和 P 轴一个旋转自由度。底座安装在暗室楼板上，固定链接部分设计有调整块和地脚螺栓，通过调整块可以调整扫描架整体的水平，通过地脚螺栓将扫描架与楼板进行固联。扫描架 X 轴底座上安装有两根高精度直线滚珠导轨，底座与导轨之间通过螺栓紧固相连，伺服电机通过减速器驱动齿轮齿条水平移动。垂直立柱整体在横向导轨上沿 X 方向作直线运动，垂直立柱上同样安装有两根高精度直线滚珠导轨和电机驱动，可实现扫描区域内所有点位置的移动。为了实现探头的前后移动，在 Z 轴方向设计了调节机构。在 Z 轴支撑杆上设计有极化旋转机构，用以调整探头的极化方向。

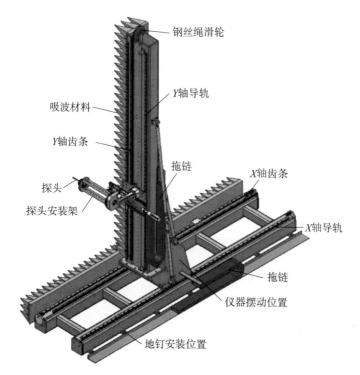

图 8－10　近场扫描架结构示意图

（图中标注）钢丝绳滑轮、Y轴导轨、吸波材料、Y轴齿条、拖链、X轴齿条、探头、探头安装架、X轴导轨、拖链、仪器摆动位置、地钉安装位置

电气控制系统包括硬件和软件两部分。整个电气控制系统硬件由工业控制计算机（工控机）、运动控制卡、伺服电机驱动、交流接触器、继电器、限位开关和伺服电机等组成。其中，工控机通过运动控制卡向电机驱动单元发出运动指令和控制信号，控制信号经电机驱动单元功率放大后驱动电机运动。运动控制卡向下可控制电机驱动单元，向上可与工控机通过 LAN 口进行通信。伺服电机驱动可接收电气保护信号和伺服电机码盘反馈信号。伺服电机处于整个电气控制系统的末端，通过机械传动机构来完成设备的运转工作。

位置检测与反馈系统通过运动控制卡的 I/O 口与安装在扫描架各部分的限位开关相连，实现运动位置和极限位置的检测，并返回至运动控制卡。

扫描架的操作可通过远程控制和近程控制两种模式实现：

1）远程控制：远程测试计算机通过通信电缆与扫描架工控机相连，即可在远程测试计算机上运行上位机测试软件，完全控制扫描架系统的扫描运动、机械调整运动和位置检测等全部功能。

2）近程控制：工控机系统运行事先编写的程序，可实现对扫描架的完全控制。通过在软件操作界面上设置运动模式和运动参数（位置、速度），可实现扫描运动、机械调整和位置检测等功能。

图 8－11 所示为扫描架控制示意图。

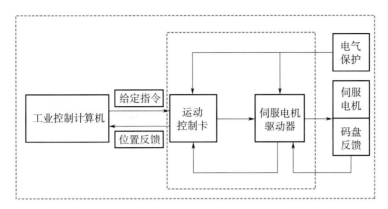

图 8 - 11　扫描架控制示意图

8.4.3　测试软件

作为测试系统的核心，测试工作站安装有功能强大的近场方向图测试与分析软件，负责扫描架探头运动同步以及仪表数据实时采集，以全息图的形式显示在屏幕上，测试完毕自动保存数据。可以根据天线的测试需求以各种路径进行连续或步进方式扫描测试，配合射频仪表和测试控制器，进行多频点、多波位等各种组合测试。软件具备任意位置校准功能，用户只需提供简单的校准路径文本文件，软件即可按照既定位置既定路线进行校准。校准的过程包括各种频率切换，并且可以通过测试控制器与波控系统进行通信，完成多频、多波位校准。校准完成后，软件自动以文本形式存储于计算机中，或者自定义校准文件输出格式，或者以幅度和相位码值的形式进行存储或自动发送到用户指定计算机。该软件功能如下（图 8 - 12）：

1）具备多频点、多波位平面近场测试功能，软件具备参数设置和测试速度自动优化功能；

2）具备相控阵天线测试功能，具有波位切换接口和频率切换接口，涉及切换的各种测试时序可通过界面设置；

3）具备 DBF 近场测试功能，在近场扫描过程中，每到达一个预定的采样点时刻，可对外输出 TTL 正脉冲；

4）具备相控阵天线近场校准功能，可根据用户自定义的位置进行驻点扫描，采用硬件对外输出 TTL 位置触发脉冲；

5）配合脉冲矢网，具备脉冲测试功能，脉宽、重频、延迟可调节；

6）数据分析结果可以多种形式显示和输出；

7）软件能够进行天线的线极化、交叉极化和圆极化性能分析；

8）软件开放测试数据的数据结构和数据格式，允许用户对测试数据进行导入或导出，可对用户导入的近场更改后的数据进行远场性能计算分析和结果输出；

9）根据采集的近场数据，软件可以快速变换出被测天线的三维远场方向图；允许用户选择多种输出坐标系：（Azimuth，Elevation），（Theta，Phi）等，在给定的坐标系和计算范围内，自动找出波瓣的最大点，并按两个坐标方向切面获得二维远场方向图；

10）具备多种远场方向图分析功能，如半功率波束宽度、副瓣电平、零陷深度、增益、方向性等天线常规指标的分析；

11）可由近场测量数据变换出被测天线口径场的幅度和相位分布，以便对天线阵面进行诊断；

12）图形显示具备直角坐标、极坐标、立体图（3D）等形式输出，提供多张方向图比较、打印输出等功能；

13）测试系统具备连续或驻点扫描模式、单向或双向采样扫描工作模式；

14）在数据采集过程中，软件可实时显示探头的 X、Y 位置数据；

15）在系统测试过程中，软件允许用户随时中断操作。中断后若继续测试，可以从中

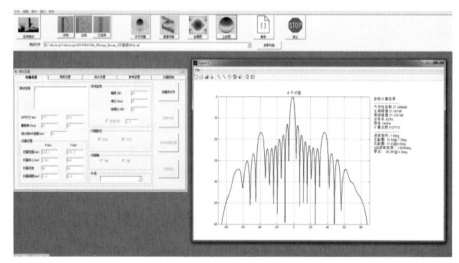

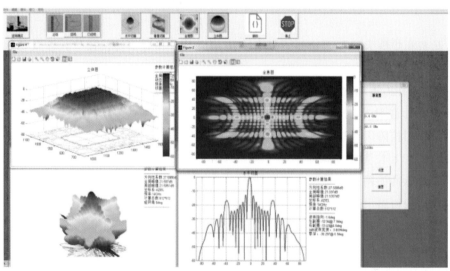

图 8 - 12　测试软件交互界面

止位置继续测量，系统恢复后能够在中断位置继续测试，并且最终测试数据保持完整；

16）软件具备限位功能，将异常损害程度降到最低；

17）软件具备平面近场测试、数据处理功能，界面友好，操作方便；

18）在进行多波束测试时，多任务控制器可向被测天线提供至少 1 路同步信号和 1 路 8 bit 并行编码信号，编码数量和数值可由用户自定义。

8.5　校准测试效率

相控阵的测量基本分为两个步骤：单元校准和方向图测试。首先进行 1～2 轮单元校准，随后测试方向图。一方面，通过波束指向检验校准效果；另一方面，测试增益、旁瓣抑制、轴比等指标。

（1）阵元校准

采样位置点数量与相控阵的阵元数一致，耗时主要取决于单元数量、频点以及 T/R 芯片的位数。让探头平移逐个对正单元，通过配置波控板将该单元的输出置为默认值，同时关闭其他单元输出，然后读取各个频点的辐相值。时间上就包含了探头移动时间、波位（相位）设置时间、通道切换时间、扫频采样时间等。为解决现有校准方法应用于大规模相控阵，尤其是多通道多波束相控阵系统时效率偏低的问题，可采用基于频分多探头的并行校准技术提升校准效率。测量系统引入 D 个特性一致的探头并归一化校准，将整个阵面划分为 D 个区域，探头间距预先标定使探头对正初始单元相位中心。

设待校准相控阵天线阵元数量为 N，采用并行校准技术将阵面划分为 D 个区域，则每个区域有 N/D 个阵元。频点为 M，探头就位时间为 t_1，波位设置时间为 t_2，单个任务点测试时间为 t_3，则阵面的一次校准所需要的时间为

$$T = (t_1 + t_2 + t_3 \times M) \times N/D \tag{8-4}$$

如果待测天线有 $96 \times 64 = 6\,144$ 个单元，测试频点数为 31 个，波位设置时间为 5 ms，探头就位时间为 500 ms，单个任务点测试时间为 1 ms，共有 4 个探头进行并行校准，则校准测试耗时为

$$(0.5 + 0.005 + 0.001 \times 31) \times 6144/4 \approx 823 \text{ s} \approx 13.7 \text{ min}$$

即如果采用近场并行校准，6 144 个相控阵天线单元的校准时间约为 13.7 min。

（2）方向图测试

方向图近场测试选取比阵面略大的一个区域，波位数为 P，其耗时测算方式为

$$T = [t_1 + (t_2 + t_3 \times M) \times P] \times N_s \tag{8-5}$$

其中，t_1、t_2、t_3、M 如式（8-4）所定义；N_s 为采样点数。其值取决于被测阵面的尺寸与被测相控阵天线最高频点所对应的波长。

例如，测试频点数为 31 个，波位数 10 个，探头就位时间为 500 ms，单个任务点测试时间为 1 ms，波位设置时间为 5 ms，采样点数为 6 670，则方向图测试耗时为

$$[0.5+(0.005+0.001\times31)\times10]\times6\ 670\approx5\ 736\ \text{s}\approx96\ \text{min}$$

8.6 高效校准测试关键技术

8.6.1 多探头多频并行校准测试技术

（1）多探头多频并行校准技术

在相控阵高效校准方面，采用多探头多频并行校准方法避免了近场校准方法数据量大、互耦校准法需要额外内部设备支持的问题[10-11]。首先构建近场测试平台硬件，并基于其中的三维采样模块实现高精度扫描控制和多探头采样。三维采样模块由平面扫描架和天线转台组成，可实现多探头同步采样。如图 8-13 和图 8-14 所示，采用频率调制，以频分的方法分离抽取各发射/接收通道的信号，从而实现多个单元幅度相位信息的并行采集，并以此完成整个阵列各通道的高效校准。

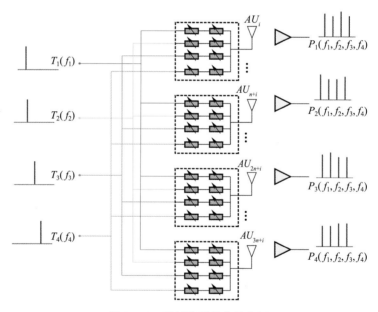

图 8-13　发射阵列校准示意图

采用基于频分多探头的并行校准技术，解决现有校准方法应用于大规模相控阵，尤其是多通道多波束相控阵系统时效率偏低的问题。测量系统引入 m 个特性一致的探头并归一化校准，将整个阵面划分为 m 个区域，每个区域 n 个单元，探头间距预先标定使探头对正初始单元相位中心。测试信号通过频率调制，将频率为 f 的信号调制为 m 个频率差一致的信号 f_1，f_2，$\cdots$，f_m。

在进行发射阵列校准时，各个发射通道分别输入不同频率的测试信号，在探头平移指向待校准单元时，控制模块触发多通道接收机同步读取各个探头的采样数据，通过抽取分析各对应频点信号的幅相信息，即可通过单次采样取得 k 个发射通道、m 个探头对应的 $k \times m$ 组校准数据。如图 8-13 所示，$P_1(f_1)$ 即为发射通道 T_1 到单元 AU_i 的校准数据，$P_2(f_1)$ 即为发射通道 T_1 到单元 AU_{n+i} 的校准数据，以此类推。以 4 发射通道被测天线、4 探头为例，理论上校准效率可达 16 倍。

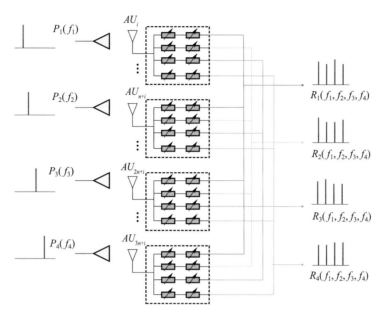

图 8-14 接收阵列校准示意图

在进行接收阵列校准时，由 m 个探头分别输入不同频率的测试信号，多通道接收机同步读取各个接收通道的采样数据，通过抽取分析各对应频点信号的幅相信息，即可通过单次采样取得 k 个接收通道、m 个探头对应的 $k \times m$ 组校准数据。

相比现有技术，相控阵天线快速测量与校准技术通过多探头多频并行校准机制和高精度定时控制系统，可提升近场测量系统的测试时序匹配精度，实现相控阵的快速高效校准，可将单次测试任务数增加数倍，测试速度同步提升。在有效提升测试效率的同时，结合采样动态误差补偿算法和测试任务调度优化算法，可进一步保证测量的精度。

（2）探头预校准补偿算法

在平面近场扫描面上，各个采样点上的幅度和相位都是用探头测量得到的。由于采样探头不可能是理想点源，有一定大小和方向性，使得探头在移动过程中接收信号强度随位置的变化与待测场的分布不构成线性关系，因此在测量值中会引入误差。若要获得更加精确的天线测量结果，必须对采样探头进行补偿修正。探头修正是用洛伦兹互易原理来建立探头与天线之间的耦合方程，从而导入补偿探头效应的表达式。探头输出端口的响应可表达为

$$P_B(x_0, y_0, d) = \frac{8 \pi^2}{\omega \mu} \int_{-\infty}^{+\infty} \int_{-\infty}^{+\infty} k_z \boldsymbol{F}(k_x, k_y) \cdot G(k_x, -k_y) \exp(-\mathrm{j}\boldsymbol{k} \cdot \boldsymbol{r}_0) \mathrm{d}k_x \mathrm{d}k_y$$

$$(8-6)$$

上式为二维傅里叶变换，采用傅里叶反变换得到下式

$$k_z\boldsymbol{F}(k_x,k_y)\cdot G(k_x,-k_y)=\frac{1}{4\pi^2}\frac{\omega\mu}{8\pi^2}\int_{-\infty}^{+\infty}\int_{-\infty}^{+\infty}P_B(x_0,y_0.d)\exp(\mathrm{j}\boldsymbol{k}\cdot\boldsymbol{r}_0)\mathrm{d}x_0\mathrm{d}y_0$$

$$(8-7)$$

其中，$\boldsymbol{F}(k_x,k_y)$ 为被测天线的发射平面波谱，$G(k_x,k_y)$ 为探头的接收平面波谱。式（8-7）是探头补偿后的原理公式。图 8-15 所示为探头预校准补偿算法示意图。

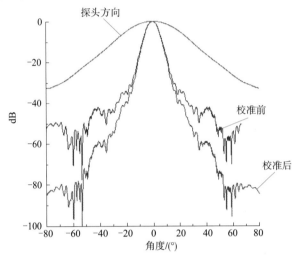

图 8-15　探头预校准补偿算法示意图

（3）宽角度扫描效率优化技术

有效扫描范围由被测天线所需的实际采样面的大小来决定。它的大小与测量系统的动态范围及预计 AUT 方向图的角度范围（可信角域）和分辨率有关。如图 8-16 所示，可信角域与采样范围的关系为

$$\begin{cases}\alpha_x=\tan^{-1}\dfrac{X_m-D_x}{2d}\\[3mm]\alpha_y=\tan^{-1}\dfrac{Y_m-D_y}{2d}\end{cases}$$

$$(8-8)$$

其中，α_x 和 α_y 分别为近场测量沿 X 和 Y 方向的最大可信角；X_m 和 Y_m 为采样区域范围；D_x 和 D_y 分别为 AUT 沿 X 和 Y 方向的口径。

可知采样范围的截取原则一方面要保证可信角域满足测量要求，另一方面要保证截断处的电平低得可以忽略，一般比中心处电平低 30～40 dB（当然会引起一定的截断误差）。

基于以上准则，在进行相控阵的大离轴角波束扫描时，选取的采样面会很大，测试点增加带来了耗时的大幅提高。测量系统采用高精度转台实现被测相控阵的方位角姿态调整，通过将波束指向调整到扫描架中心区域，达到合理缩减采样点数量、提升测试效率的目的。

经过实际测试验证，采用基于方位偏转的宽角度扫描效率优化技术，在相同的测试任务设置条件下，测试 80°及以上大离轴角波束，测试耗时可缩短 50％～75％，且交叉极化指标的测试效果更优。图 8-17 所示为单次测量多波位的实测方向图。

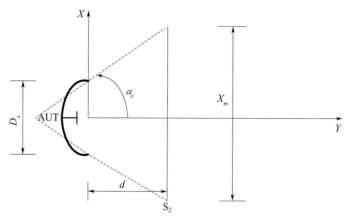

图 8 - 16 平面近场测量中的可信角示意图

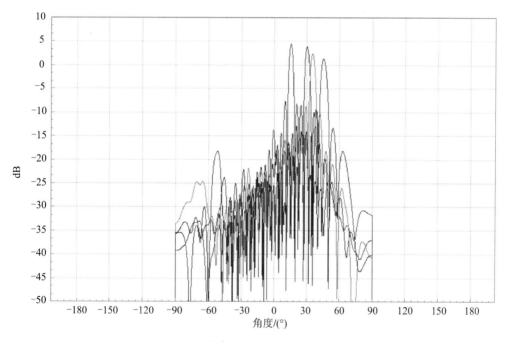

图 8 - 17 单次测量多波位的实测方向图

8.6.2 高效测试任务调度优化算法

完整测试流程的时序控制必须依据测试任务需求合理分配协调各个硬件工作的时序，需要同时考虑探头速度、采样间距、波控时间、频率切换时间、通道切换时间、接收机带宽等多项因素。这些因素都是分配测试任务的制约参数，相互影响。不同特性的被测天线往往测试任务分配是不同的，任务嵌套关系也不相同。例如，如果频率切换时间最长，通道切换时间最短，则必须把频率切换嵌套放在最外层，把通道切换放在最里层，如图 8 - 18 所示。

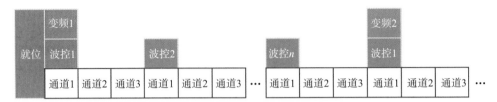

图 8 - 18　测试任务分配示意图

实际天线测试中情况极为复杂，各类型任务嵌套和时序交叉影响，如何合理地分配任务时间、设定采样触发时机极为困难[12]。针对相控阵天线测试中的大规模多类型任务的复杂调度问题，可基于规划和机器学习理论，设计高效的调度算法。在微秒级时序控制精度要求下，以及各项任务的测试时间和流程时序约束下，最优化任务分配，从而提升测试效率，缩短测试时间。

目前普遍存在的方法一是自定义的天线探头扫描路线，二是采用基于贪婪算法的启发式算法来进行求解。方法一的缺点是人为主观因素较大，对于普遍型相控阵列天线没有统一的规范化标准，导致可操作性和通用性不强；方法二作为一种渐进式算法求解速度快，但是启发式算法在大型任务中往往不能求得最优解[13]。

针对大型相控阵天线探头扫描路径问题，将相控阵列天线节点划分为若干个区域块，即块点，先把每个块点看成是一个节点并使用基于神经网络的优化算法遍历整个天线区域得到最优的遍历块点顺序。随后，每个区域块的每一个相控阵列天线测试点再使用优化算法遍历，综合这个遍历结果得到的最优路线便是整个大型相控阵天线最佳测试路线。基于神经动力学 Hopfield 神经网络优化方法可用于解决相控阵天线优化扫描路径的问题[14]。该方法自动搜索到局部最优解（因为 Hopfield 网络的稳态输出就是旅行商问题（TSP）的局部最优解），从而能够有效解决该难解问题。提出的基于神经网络的测试优化方法具备较好的通用性，适用于各种规模的相控阵天线，同时弥补了目前现有近似算法往往无法求得最优路径的缺陷。使用对稳定性更加敏感的能量熵改进神经网络模型中的目标函数，提升了模型运行效率，可提升测试效率。

（1）传统蚁群及遗传算法

传统的近似算法求解最优路径的典型代表是蚁群算法和遗传算法。蚁群算法是一种仿生学算法，是由自然界中蚂蚁觅食的行为而启发[15]。在自然界中，蚂蚁觅食过程中，蚁群总能够寻找到一条从蚁巢和食物源的最优路径。它基于对自然界真实蚁群的集体觅食行为的研究，模拟真实的蚁群协作过程。算法由若干个蚂蚁共同构造解路径，通过在解路径上遗留并交换信息素提高解的质量，进而达到优化的目的。蚁群算法作为通用随机优化方法，已经成功地应用于旅行商等一系列组合优化问题中，并取得了较好的结果[16]。但由于该算法是典型的概率算法，算法中的参数设定通常由实验方法确定，导致方法的优化性能与设计者的经验密切相关，很难使算法性能最优化。另一方面，蚁群算法一般需要较长的搜索时间，收敛速度慢、容易出现停滞现象，即搜索进行到一定程度后，所有个体发现的解完全一致，不能对解空间进一步进行搜索，不利于发现更好的解，易陷入局部最优。

遗传算法简称 GA（Genetic Algorithm），是 1962 年由美国 Michigan 大学的 Holland 教授提出的模拟自然界遗传机制和生物进化论而成的一种并行随机搜索最优化方法[17]。遗传算法以达尔文的自然选择学说为基础发展。遗传算法将"优胜劣汰，适者生存"的生物进化原理引入优化参数形成的编码串联群体中，按所选择的适应值函数并通过遗传中的复制、交叉及变异对个体进行筛选，使适应值高的个体被保留下来，组成新的群体，新的群体既继承了上一代的信息，又优于上一代。这样周而复始，群体中个体适应度不断提高，直到满足一定的条件[18]。对于一个需要进行优化的实际问题，一般可按下述步骤构造遗传算法[19]：

第 1 步：确定决策变量及各种约束条件，即确定出个体的表现型和问题的解空间；

第 2 步：建立优化模型，即确定出目标函数的类型及数学描述形式或量化方法；

第 3 步：确定表示可行解的染色体编码方法，即确定出个体的基因型及遗传算法的搜索空间；

第 4 步：确定个体适应度的量化评价方法，即确定出由目标函数到个体适应度函数的转换规则；

第 5 步：设计遗传算子，即确定选择运算、交叉运算、变异运算等遗传算子的具体操作方法；

第 6 步：确定遗传算法的有关运行参数，即群体大小、进化代数、交叉概率和变异概率等参数；

第 7 步：确定解码方法，即确定出由个体表现型到个体基因型的对应关系或转换方法。

（2）改进的 Hopfield 神经网络优化算法

Hopfield 神经网络是一种循环神经网络，将物理学的相关思想（动力学）引入到神经网络的构造中，可以解决一大类模式识别问题，还可以给出一类组合优化问题的近似解[18]。该网络输出端又会反馈到其输入端，在输入的激励下，其输出会产生不断的状态变化，这个反馈过程会一直反复进行。假如 Hopfield 神经网络是一个收敛的稳定网络，则这个反馈与迭代的计算过程所产生的变化越来越小，一旦达到了稳定的平衡状态，网络就会输出一个稳定的恒值。

基于改进的优化 Hopfield 神经网络算法有以下特点：1）每个神经元既是输入也是输出，构成了单层全连接递归网络；2）网络的权重不同于其他的神经网络是通过有监督或无监督反复学习获得，而是搭建网络时就按照一定的规则计算出来，而且网络的权值在整个网络迭代过程中不再改变，所以需要合理地选择目标函数进行优化；3）网络的状态随时间的变化而变化，每个神经元在 t 时刻的输出状态和 $t-1$ 时刻有关；4）为判断网络迭代过程中的稳定性，仔细地设计和论证了训练过程的能量函数，从而保证算法在训练过程中的稳定及收敛性；5）最终最优路线即是网络运行到稳定时，各个神经元状态的集合。综上可知，提出的改进 Hopfield 神经网络的测试优化方法具备较好的通用性，适用于各种规模的相控阵天线，弥补了目前现有启发式算法常无法求得较优路径的缺陷，同时提升了测试算法效率。

具体来说，首先把 Hopfield 神经网络看作是一种非线性动力学系统，系统的状态集合随时间的变化而变化。令系统的输出状态变量集合如下式所示

$$V = \{V_i(t) \mid i = 1, 2, 3, \cdots, n\} \tag{8-9}$$

其中，t 是连续时间变量。系统的输出状态和输出状态增量可用如下微分方程表示

$$\frac{\mathrm{d}}{\mathrm{d}t} V(t) = F(V(t)) \tag{8-10}$$

其中，F 取对称 sigmoid 双曲正切函数来完成输出状态的非线性映射，其中 x 代表自变量

$$F(x) = \tanh(x) = \frac{\mathrm{e}^x - \mathrm{e}^{-x}}{\mathrm{e}^x + \mathrm{e}^{-x}} \tag{8-11}$$

Hopfield 神经网络结构可抽象地等效为放大电子线路，用以模拟神经元的非线性饱和特征。其中，每一个神经元等效为一个电子放大器元件，每一个神经元的输入和输出等效为电子元件的输入电压和输出电压，每一个电子元件的输入信息包含恒定的外部电流输入和其他电子元件的反馈连接。根据基尔霍夫电流定律，Hopfield 神经网络等效电路的电流关系为

$$C_i \frac{\mathrm{d}U_i}{\mathrm{d}t} + \frac{U_i}{R_{i0}} = \sum_{j=1}^{n} \frac{1}{R_{ij}} (V_j - U_i) + I_i \tag{8-12}$$

其中，C_i 表示电容；U_i 表示放大电子元件的输入电压；V_j 是电子线路中第 j 条支路的输入电压；i 表示第 i 个神经元；电阻 R_{i0} 与电容 C_i 并联，用以模拟生物神经元的延时特性，电阻 R_{ij}（$j = 1, 2, \cdots, n$）用以模拟突触特征；偏置电流 I_i 相当于阈值。

令 T_{ij} 表示神经元之间连接的权值

$$T_{ij} = \frac{1}{R_{ij}} \tag{8-13}$$

则式（8-12）的电流关系可以简化为

$$C_i \frac{\mathrm{d}U_i}{\mathrm{d}t} = \sum_{j=1}^{n} T_{ij} V_j - \frac{U_i}{R_{i0}} + I_i \tag{8-14}$$

此为输入电压 U_i 和 U_i 增量的微分方程，即 Hopfield 神经网络的状态方程，其中输出电压 V_i 满足非线性映射规则 F，即

$$V_i = F_i(U_i) \tag{8-15}$$

Hopfield 神经网络模型的能量方程是用来衡量模型在迭代过程中是否趋于稳定。为了更好地衡量模型迭代过程中的稳定性，提出基于能量熵的损失函数。基于能量熵的能量函数如式（8-16）所示

$$E = -\frac{1}{2} \sum_{i=1}^{n} \sum_{j=1}^{n} T_{ij} V_i V_j \lg(T_{ij} V_i V_j) - \sum_{i=1}^{n} V_i I_i \lg(V_i I_i) + \sum_{i=1}^{n} \frac{1}{R_i} \int_{0}^{U_i} F_i^{-1}(V_i) \, \mathrm{d}V_i \tag{8-16}$$

其中，T_{ij} 代表神经元之间连接的权值；V_i 代表第 i 个神经元的输出电压；V_j 代表电子线路中第 j 条支路的输入电压；lg 代表以 10 为底的 log 对数；$\lg(T_{ij} V_i V_j)$ 代表神经元之间连

接的权值与输入电压 V_j 以及输出电压 V_i 之间的乘积再取以 10 为底的 log 对数；R_i 代表放大器输入端的输入电阻。

根据式（8-14）和式（8-16）得出优化后 Hopfield 神经网络模型的状态方程和能量函数。基于上述理论，可将上述问题抽象和转化成旅行商问题。

设计遵从帕累托前沿旅行商（PA-TSP）规则的置换矩阵。在神经网络迭代优化过程中，每次神经元输出的状态集合需满足如下置换矩阵规则，即：

1）矩阵每行有且只有一个 1，其余元素均为 0（一个天线节点只能被访问一次）；

2）矩阵每列有且只有一个 1，其余元素均为 0（一次只能访问一个天线节点）；

3）矩阵的全部元素中 1 的数量为 n（共访问过 n 个天线节点）。

则该组输出状态就是一个 PA-TSP 问题的解，只需要在这些解中找到最小代价的解即可。

所以，在式（8-16）Hopfield 神经网络的能量函数的基础上需考虑：1）上述置换矩阵的规则；2）在帕累托前沿旅行商问题共 $n!$ 个合法路线中要有利于表示最短路线的解。故综合上述设计基于优化神经网络算法的帕累托前沿旅行商能量函数如下式所示

$$E = \frac{A}{2} \sum_{x=1}^{n} \left(\sum_{i=1}^{n} V_{xi} \lg V_{xi} - 1 \right)^2 + \frac{A}{2} \sum_{i=1}^{n} \left(\sum_{x=1}^{n} V_{xi} \lg V_{xi} - 1 \right)^2 + \frac{D}{2} \sum_{x=1}^{n} \sum_{y=1}^{n} \sum_{i=1}^{n} V_{xi} V_{y,i+1} d_{xy} \lg V_{y,i+1}$$

$$(8-17)$$

其中，A 和 D 表示权值，前两项表示满足帕累托前沿旅行商置换矩阵的约束条件，最后一项包含优化目标函数项。x，y 表示天线节点（或者是划分成的区域块），i 表示的是访问顺序，V_{xi}，$V_{y,i+1}$ 表示相应神经元的输出，d_{xy} 表示天线节点 x 到天线节点 y 的距离（或者也可看成划分的区域块 x 到另一个区域块 y 之间的距离），式（8-17）中最后一项包含神经网络输出中有效解的路径长度信息。故基于式（8-17），式（8-14）的动态方程可优化为下式：

$$\frac{\mathrm{d}U_{xi}}{\mathrm{d}t} = -\frac{\partial E}{\partial V_{xi}}$$

$$= -A' \left(\sum_{i=1}^{n} V_{xi} \lg V_{xi} - 1 \right) - A' \left(\sum_{y=1}^{n} V_{yi} \lg V_{yi} - 1 \right) - D \sum_{y=1}^{n} d_{xy} V_{y,i+1} \lg V_{y,i+1}$$

$$(8-18)$$

其中，$A' = \left(\lg V_i + \frac{1}{\ln 10} - 1 \right) A$。

最后，在优化的 Hopfield 递归神经网络模型下 PA-TSP 输入状态的更新可以用一阶欧拉方法来更新，其表达式为

$$U_{xi}(t+1) = U_{xi}(t) + \frac{\mathrm{d}U_{xi}}{\mathrm{d}t} \Delta t \tag{8-19}$$

综上所述，基于优化的 Hopfield 神经网络求解 PA-TSP 问题可简述如下：

1）初始化 Hopfield 神经网络的初始值（如输入电压 U_0，迭代次数）以及权值 A'；

2）先计算 m 个区域块点之间的距离 d_{xy}；

3）初始化神经网络的输入状态 $U_{xi}(t)$ ；

4）利用优化的 Hopfield 神经网络动态方程（8‐18）计算输入状态的增量 $\dfrac{\mathrm{d}U_{xi}}{\mathrm{d}t}$ ；

5）使用一阶欧拉方法来更新神经网络下一个时刻的输入状态 $U_{xi}(t+1)$ ；

6）使用双曲正切函数更新神经网络下一时刻的输出状态 $V_{xi}(t)$ ；

7）计算能量函数 E ，直到能量函数趋于稳定时神经网络的输出状态集合即为 PA‐TSP 最优路线节点的集合；

8）检查输出状态集合是否满足 PA‐TSP 置换矩阵规则且能量函数 E 是否稳定，若不满足，重复 3）～8）。

上述算法得到了大型相控阵中每个子区域块的局部最优遍历路线 L_1 ，然后在各子区域块的起/终点再次重复 1）～8）步骤可得到各子块起/终点间的最优路线 L_2 。综合 L_1 与 L_2 即为整体的最优路线。图 8‐19 所示为提出的基于改进 Hopfield 神经网络算法解决 PA‐TSP 问题的流程图。

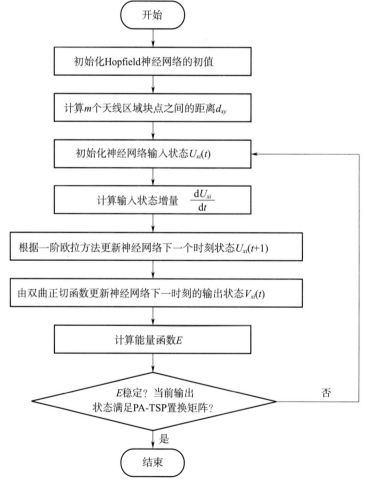

图 8‐19　基于改进 Hopfield 神经网络算法的流程图

通过仿真验证改进的 Hopfield 神经网络优化算法的有效性。设计一个点与点之间间隔为 5 mm（对应 30 GHz）、42 行 96 列共 4 032 个点的点阵来模拟平面相控阵列；然后将此点阵划分为 36 个（可看成 6 行 6 列）子阵块，每个子阵块由 7 行 16 列的点组成（图 8 - 20）。分别使用基于蚁群算法、遗传算法以及改进的 Hopfield 神经网络算法在 7 行 16 列的子阵上进行仿真，获得子阵的局部最优路线 L_1，计算时间为 $O(t_1)$。其中 36 个子块可并行计算，所以计算时间为单个子块计算局部最优路线所耗时间。接着在 36 个子块中再次使用上述三种算法以获得各子阵块的局部最优路线 L_2，计算时间为 $O(t_2)$，最终整个实验获得的最优路线长度为 $36 \times L_1 + L_2$，计算时间为 $O(t_1) + O(t_2)$。

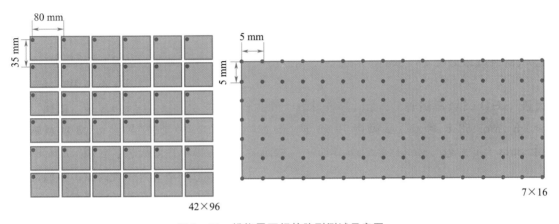

图 8 - 20　模拟平面相控阵列测试示意图

图 8 - 21～图 8 - 23 为采用三种算法分别获得的最优路线图，左边为每个子阵的最优路线图，右边为子阵块之间的最优路线图。基于改进的 Hopfield 神经网络优化算法能获得最优的路线，其中 $L_1 = 560$ mm、$L_2 = 1\ 710$ mm、$O(t_1) = 27.1$ s，$O(t_2) = 1.5$ s，总体路线长度为：$36 \times L_1 + L_2 = 21\ 870$ mm，总体计算消耗时间为 $O(t_1) + O(t_2) = 28.6$ s。其次是基于蚁群的优化算法，取得最优路线分别为 $L_1 = 586.1$ mm、$L_2 = 1\ 724.64$ mm，总体路线长度为：$36 \times L_1 + L_2 = 22\ 824.24$ mm，计算消耗时间为 $O(t_1) = 155.3$ s，$O(t_2) = 3.2$ s，总体计算消耗时间为 $O(t_1) + O(t_2) = 158.5$ s；最后是基于遗传优化算法，取得最优路线分别为 $L_1 = 849.54$ mm、$L_2 = 1\ 739.28$ mm，计算消耗时间为 $O(t_1) = 356.7$ s、$O(t_2) = 18.1$ s，总体路线长度为：$36 \times L_1 + L_2 = 32\ 322.72$ mm，总体计算消耗时间为 $O(t_1) + O(t_2) = 374.8$ s。由于探头平移速度相对恒定，校准过程中的移动时间与探头移动距离成正比。基于改进的 Hopfield 神经网络优化算法取得最优路线的距离和探头移动时间要远远短于蚁群及遗传算法。因此，在子阵为 112 个阵元数的情况下，采用改进的 Hopfield 神经网络优化算法在计算最优路线上最多可减少行进时间 32.3%，在阵元数更多时，提升效果更明显。

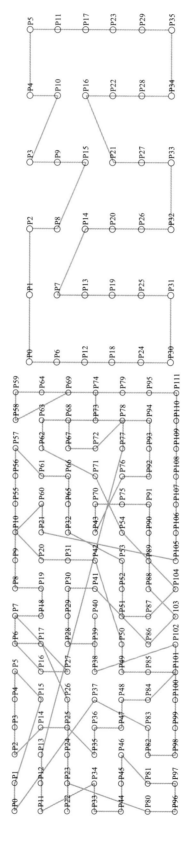

图 8 - 21　遗传优化算法求解最优路线

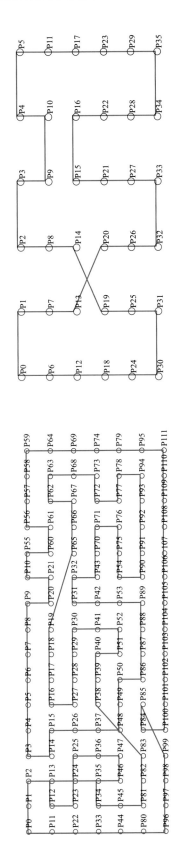

图 8 - 22　蚁群优化算法求解最优路线

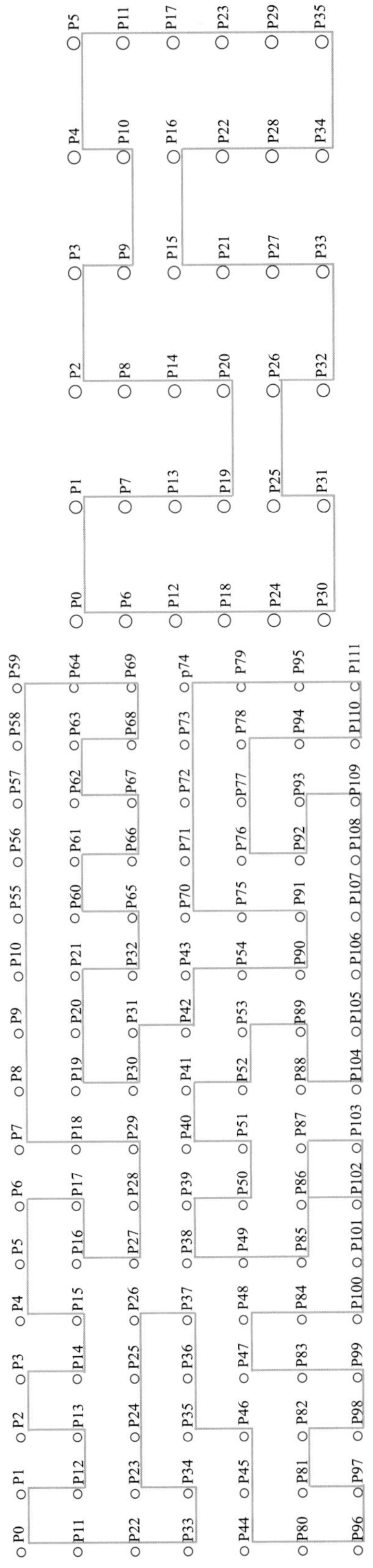

图 8 - 23　基于改进的 Hopfield 神经网络优化算法求解最优路线

8.6.3 非等间距数据处理算法和数据实时校验技术

多任务快速测量时近场探头持续平移，动态采样过程中各个数据采样点存在坐标不一致、间距不均匀的情况，定位随机误差超过1%波长就不可忽略，会使转换得到的远场方向图存在较大误差，影响测算指标精度。针对这一问题，研究了基于双变换的非等间距数据处理及误差修正算法。

（1）非等间距数据处理算法

从探头的位置跟踪系统获取与探头采样同步的位置信息，要求采样间距满足最小采样率要求，小于1/2波长。然后采用积分的方法，计算不等间距采样点所形成的远场方向图，计算公式如下

$$f(\theta) = \int_0^X I(x) \cdot e^{-i \cdot \frac{2\pi}{\lambda} \cdot x \cdot \sin\theta} dx \qquad (8-20)$$

其中，x 是不等间距采样栅格的位置坐标，X 是近场采样范围，λ 是波长。远场计算时，选取的角度需要为 FFT 的计算角度，如下所示

$$\theta_n = \sin^{-1}\left[\frac{\lambda}{Nd} \cdot \left(n - \frac{N}{2}\right)\right] \qquad (8-21)$$

其中，N 是 FFT 点数，d 是等间距采样间距，n 的取值范围是 $[0, N-1]$，将 θ 代入 $f(\theta)$，可以得到离散的远场方向图

$$\boldsymbol{F}_n = f(\theta_n) \qquad (8-22)$$

计算获得如上式所示的远场离散方向图后，即可对该方向图进行 iFFT 变换，获取等间距采样的近场分布数据（图 8-24）。

（2）数据实时校验

数据实时校验技术将近场测试任务划分为多组，当每组任务测试完成后，在探头到达下一组测试位置前读取缓存中的数据并进行校验（判定是否存在数值异常、缺失、重复），存在异常时即时重新配置测试任务和时序，实现即时纠错（图 8-25）。以上的数据后处理技术对处理运算速度和测试时序配置能力提出了很高的要求，需要通过有效配置计算资源和优化处理算法来实现测量过程中的数据高速处理。

测试数据根据采样时间构成包含幅度、相位、位置的多变量时间序列。如果当测试数据大规模缺失，会造成后续任务性能的下降，从而让测试数据分析的预期效益大打折扣。由于实际应用中不可抗的设备和软硬件因素，会不可避免地造成数据采集时的中断、数据大规模的缺失和无规律的数值异常。在这一背景下，如何从采集到的部分数据中学习到时间序列特有的规律和特性，就成为了时间序列研究的一大瓶颈。直接删除缺失数据段落，是处理数据缺失的方法之一，但直接舍弃缺失数据很有可能会舍弃掉有用的数据信息，并不利于进一步的数据分析和校验。对于存在大量数据缺失的时间序列来说，更是严重降低了数据的可用性和完整性，难以满足分析和预测要求。更合理的方法则是数据插补。利用时间序列其中的关联和规律对缺失数据进行插补，还原出完整的原始数据，正是数据插值的核心思想。这一方法也是保证数据完备性的最优方法。

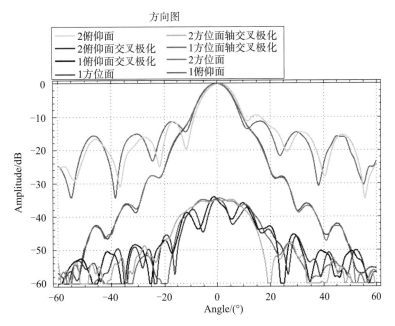

图 8 - 24　非等间距处理后的近场方向图与远场对比

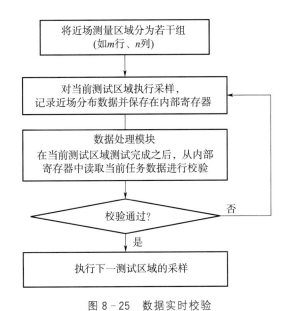

图 8 - 25　数据实时校验

　　采集数据时，针对多种不稳定因素所造成的数据缺失问题，传统的处理方法分为两类。一类是删除，即删除部分观察到的样本或特征，然后重新采样。然而，直接删除会使数据不完整，一般只适用于少部分对数据完整度要求不高的场景。因少量数据错误或缺失而重新采样会降低测试效率。大部分的应用场景中需要对数据进行填充，来保持数据的完整性。对数据直接删除很有可能删除对分析有帮助的数据，反而会降低预期的性能。另一类则是数据插补，即从观测值中估计缺失数据，通过分析缺失点前后的数据和整体的特征找到一定的变化规律，以此来还原原始数据。相对于直接删除部分数据，插补可以保持数据的完整性，将原始数据的特性充分考虑到具体的应用中，符合数据分析要求的完备性和合理性。

目前数据插值的技术主要分为基于统计学的插补方法和基于机器学习的插补方法[20-22]。其中，基于统计学的插补方法，主要有特征值填充、就近填充、线性填充及期望最大化（EM）算法等方法，这类方法计算复杂度低，操作简单，在许多精度要求不高的场景中比较适用。但是忽略了时间序列的时序信息以及序列之间的关联性，在复杂的系统中会出现较大的估计偏差。随着计算能力的快速提升，基于机器学习的插补方法得到了广泛的应用。这类方法主要是以循环神经网络（RNN）和生成对抗神经网络（GAN）、变分自编码器等一系列网络结构作为主干，本质上是以缺失点附近的数据作为特征，预测缺失点的数据，并从大量的历史数据中挖掘相似的变化模型，从而进行更精准的数据填充[23-27]。然而，此类方法通常过于依赖特定的标准神经网络架构，有些容易忽略掉长期可用的时序关系信息，有些忽略了数据分布的全局特征，将二者结合的模型鲜少有之。此外，上述主要的两类方法，目前都是只考虑了数据时序的特征，却忽略了数据频域对插值的影响，仍然有很大的改进空间。

目前，基于机器学习的数据插值方法得到了广泛的应用，相比于相对成熟的统计学方法，基于机器学习的数据插值深度探究了时间序列的内在特性，从时序关系、趋势性和周期性等各个性质出发，进行更准确的数据插补。现有机器学习方向的数据插值，不仅存在计算复杂度高、操作困难的短板，也存在对数据标签过度依赖的问题。此外，时序数据特征向量的概率分布复杂，计算其概率密度尤为困难，导致数据整体的分布特征无法被有效利用。同时，虽然目前已经提出了考虑频谱信息的研究方法，但现有的网络模型并不能直接应用在复数域上，因此频域数据分布的计算成为了时频信息结合的一大难点。采用复数神经网络，并结合标准化流等机器学习方法，将有效地弥补先前研究的不足之处[28-29]。标准化流可以将简单的概率分布转换为复杂的概率分布，也可以将复杂的概率分布转换为简单的概率分布，不仅有助于网络训练的收敛性，也可以进一步捕捉数据分布的整体特征，尤其在涉及一些距离计算的算法时效果显著。将序列的概率分布特征考虑到插值操作中，同时，通过针对时序数据的时频转换，巧妙地将时域和频域的特征结合，进一步完善了数据插值所需要学习和表征的多维特征。

参 考 文 献

［1］ Saccardi F，Scialacqua L，Scannavini A，et al. Accurate and efficient radiation test solutions for 5G and millimeter wave devices ［C］. 2018 IEEE MTT－S Latin America Microwave Conference. Arequipa，Peru：IEEE，2018：1－4.

［2］ 薛正辉，高本庆，刘瑞祥等. 天线平面近场测量中一种近远场变换方法研究 ［J］. 微波学报，2001 (01)：18－25.

［3］ 乔兴旺，陶成忠，王春艳. 一种相控阵天线自动化测试系统设计 ［J］. 电子技术与软件工程，2021 (12)：105－106.

［4］ 张雷，邓乐武，邓杰文，王东俊. 近远场变换技术在目标特性测试中的应用 ［J］. 太赫兹科学与电子信息学报，2022 (4)：354－358.

［5］ Keizer P M N W. Fast and accurate array calibration using a synthetic array approach ［J］. IEEE Transactions on Antennas and Propagation，2011，59 (11)：4115－4122.

［6］ Long R，Ouyang J，Yang F，et al. Multi－element phased array calibration method by solving linear equations ［J］. IEEE Transactions on Antennas and Propagation，2017，65 (6)：2931－2939.

［7］ 秦顺友，潘晓元. 微波暗室反射电平的测量技术 ［J］. 无线电通信技术，1995，21 (5)：29－34，38.

［8］ Dawei J，Vignesh M，Ying W，et al. Electromagnetic Interference Shielding Polymers and Nanocomposites－A Review ［J］. Polymer reviews. 2019，59 (2). 280－337.

［9］ 张厚江，樊锐，陈天一. 高精度紧缩场扫描架的研制 ［J］. 机械设计与制造，2005 (09)：111－113.

［10］ 李杰，高火涛，郑霞. 相控阵天线的互耦和近场校准 ［J］. 电子学报，2005，33 (1)：119－122.

［11］ 贾涵秀. 近场天线测量系统中双极化探头的研究 ［D］. 西安电子科技大学. 2015.

［12］ Herd J S，Conway M D. The evolution to modern phased array architectures ［J］. Proceedings of the IEEE，2015，104 (3)：519－529.

［13］ Ehyaie D. Novel approaches to the design of phased array antennas ［D］. University of Michigan，2011.

［14］ Wen U P，Lan K M，Shih H S. A review of Hopfield neural networks for solving mathematical programming problems ［J］. European Journal of Operational Research，2009，198 (3)：675－687.

［15］ Dorigo M，Blum C. Ant colony optimization theory：A survey ［J］. Theoretical computer science，2005，344 (2－3)：243－278.

［16］ Whitley D. A genetic algorithm tutorial ［J］. Statistics and computing，1994，4 (2)：65－85.

［17］ Mirjalili S. Genetic algorithm ［M］//Evolutionary algorithms and neural networks. Springer, Cham，2019：43 – 55.

［18］ Ahn C W，Ramakrishna R S，Kang C G，et al. Shortest path routing algorithm using Hopfield neural network ［J］. Electronics Letters，2001，37（19）：1176 – 1178.

［19］ 兰志勇. 内嵌式正弦波永磁同步电机设计及优化 ［D］. 华南理工大学，2012.

［20］ Little R J A，Rubin D B. Statistical analysis with missing data ［M］. John Wiley & Sons，2019.

［21］ Cao W，et. al. Brits：Bidirectional recurrent imputation for time series ［C］. Advances in Neural Information Processing Systems，2018.

［22］ Du W，Côté D and Liu Y. SAITS：Self – attention – based imputation for time series ［J］. Expert Systems with Applications：An International Journal，2023. 43（119619）.

［23］ Medsker L R，Jain L C. Recurrent neural networks ［J］. Design and Applications，2001，5（64 – 67）：2.

［24］ Bond – Taylor S，Leach A，Long Y，Willcocks C G. Deep generative modelling：A comparative review of VAEs，GANs，normalizing flows，energy – based and autoregressive models ［J］. IEEE Transactions on Pattern Analysis and Machine Intelligence，2022. 219（C）：p. 7327 – 7347.

［25］ Luo Y，Zhang Y，Cai X，Yuan X. E2GAN：End – to – end generative adversarial network for multivariate time series imputation ［C］. Proceedings of the 28th international joint conference on artificial intelligence. 2019.

［26］ Luo Y，Cai X，Zhang Y，Yuan X. Multivariate time series imputation with generative adversarial networks ［C］. Advances in Neural Information Processing Systems. 2018.

［27］ Fortuin V，Baranchuk D，Rätsch G，et al. Gp – vae：Deep probabilistic time series imputation ［C］. International conference on artificial intelligence and statistics. PMLR，2020：1651 – 1661.

［28］ Hirose A. Complex – valued neural networks：Theories and applications ［M］. World Scientific，2003.

［29］ Kobyzev I，Prince S J D and Brubaker M A. Normalizing flows：An introduction and review of current methods ［J］. IEEE transactions on pattern analysis and machine intelligence，2021. 43（11）：p. 3964 – 3979.